前进的动力

跟着台达盖出绿建筑

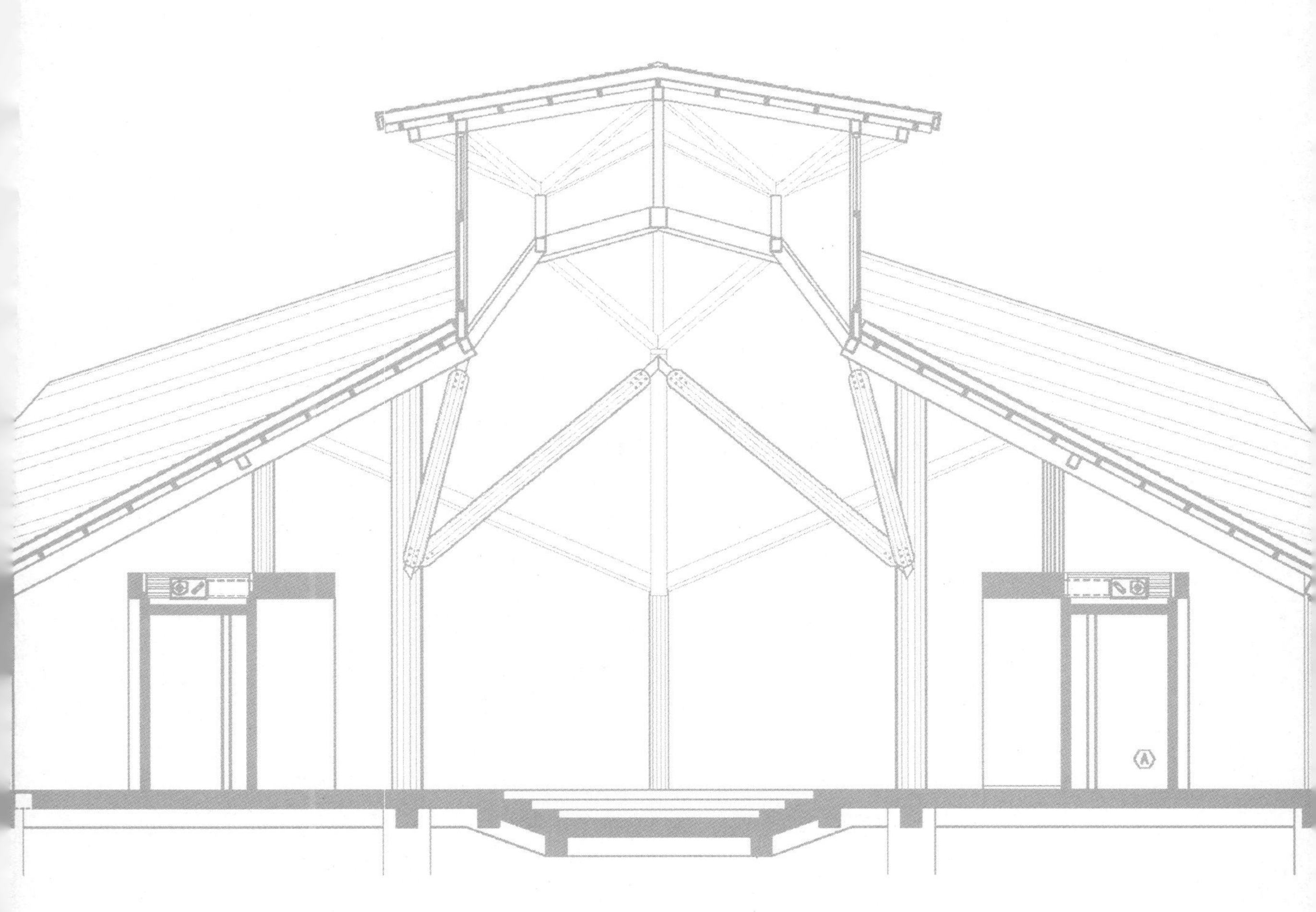

中国出版集团
现代出版社

目 录

CONTENTS

07 共筑未来　迎接绿色成长 292

Chapter 6 **绿色伙伴回响** 299

01 潘冀联合建筑师事务所主持人　潘冀
社会关注、政府担责　推动绿建筑普及 302

02 九典联合建筑师事务所主持建筑师　郭英钊
“低碳美学”被认同　绿建筑才能说服大众 310

03 成功大学建筑系教授　林宪德
推广建筑碳足迹认证　落实减排救地球 318

04 吴瑞荣建筑师事务所主持建筑师　吴瑞荣
环境绿因子融入设计　打造价值绿建筑 325

05 台湾绿领协会理事长　陈重仁
从企业节能到城市更新　台湾都少不了绿建筑 331

06 台湾绿适居协会理事长　邱继哲
法规须明定　别让建筑成为耗能黑洞 336

后　记　跳出绿建筑的三个误区　高宜凡 341

12段微电影，回看台达绿建筑的精华片段

台达从 2005 年投入绿建筑至今 10 年，细数当中过往，
承载了经验与态度，学习与整合，信任托付与全力以赴，
这些故事是和建材一起砌出每栋绿建筑。

故事需要被整理，才能回味，方能接续，
因此分别邀请了深度参与的绿建筑主角，
其中包括台达主管、建筑师或合作伙伴，
以第一人称叙述，诠释各栋绿建筑的灵魂与精华。

12 段影片每段以 3 ～ 4 分钟的时间，邀您领略。

绿筑迹

导读人：台达集团创办人　**郑崇华**

1971 年从电视零组件起家，而后登上全球最大电源供应器龙头宝座的台达，为何会如此关注环保领域？陆续自建与捐建 20 余栋绿建筑？这一切，都得从台达集团创始人郑崇华年少时的好奇心谈起。

大数据

导读人：台达董事长　**海英俊**

台南 1 期、台南 2 期、桃园研发中心、桃园 5 厂

环保只是"花钱"吗？友善的智慧绿建筑设计通过能源再生系统，可达到节能又省钱的目标。通过智慧控制系统，还能对厂房各区的能耗状况一目了然，真真实实看到"节省的钱"。

学习

导读人：台达执行长　**郑平**

印度古尔冈总部大楼、印度楼陀罗布尔厂、上海运营中心、北京办公大楼

伴随着企业的发展，台达绿建筑也逐渐走向国际，并且积极适应各地气候特色、利用自然工法、善用各类自然资源，在各地缔造惊人的节能绩效。

蜕变

导读人：台达执行长　**郑平**

台达企业总部瑞光大楼

从无到有的全新建案，可完美实践环保节能理念。可是，假如是使用已有一段时间的既有厂办，或行之有年的老旧办公大楼，又该如何增添绿意呢？

态度

导读人：潘冀联合建筑师事务所创办人　**潘冀**

台达美洲区总部大楼

台达的绿色厂办，近年来也跨越太平洋，矗立于美国硅谷，不但成为当地的绿色新地标，更是当地首座"净零耗能"（Net-zero）的绿建筑。

回忆

导读人：台达集团创办人　**郑崇华**

台中一中校史馆

除了在福建老家古宅感受到绿建筑的奥妙，郑崇华在台湾的第一个家——台中一中，也对他日后踏上绿建筑旅程，有着重要启发作用。

人之初

导读人：九典联合建筑师事务所主持建筑师　**郭英钊**

高雄市那玛夏民权小学

2009 年重创高雄的"莫拉克风灾"把位于山区河床边的那玛夏民权小学旧校舍掩埋在泥石流下。在台达的援助下，经过两年努力，重生后的小学不仅安全舒适，还成为台湾最具特色、参访人潮最多的低碳校园之一。

整合　导读人：成功大学建筑学系讲座教授　**林宪德**

成功大学孙运璿绿建筑研究大楼

“孙运璿绿建筑研究大楼”是动员台湾成功大学 4 名教授，整合校园的学术研发力量，集众人之力成就的“诺亚方舟”，这栋“台湾第一栋零碳建筑”的背后又有多少奥秘呢？

永恒　导读人：台达电子文教基金会执行长　**郭珊珊**

台达永续之环

如何打破一般人对绿建筑的刻板印象？就让它更具有文化内涵吧！“台达永续之环”不仅为台湾元宵灯会添上绿色面貌，展后建筑材料也全部实现再利用，更获得了 2015 年国际建筑大奖“A+Awards”。

扎根　导读人：台达电子文教基金会副执行长　**张杨乾**

兰花屋、台湾清华大学台达馆、台湾“中央”大学国鼎光电大楼、成功大学台达大楼

除了将自建厂办都打造成绿建筑，台达还积极透过范例，告诉大家绿建筑的好处。比如，让绿建筑进入校园，让地球未来的主人更好地了解绿建筑、感受绿建筑的好处。

曙光　导读人：中国可再生能源学会理事长　**石定寰**

四川省绵阳市杨家镇台达阳光小学、四川省雅安市芦山县龙门乡台达阳光初级中学

自 2006 年起，台达支持台达杯国际太阳能建筑设计竞赛的举办，并协助将大赛获奖作品建设出来。包括汶川地震后，台达在四川绵阳灾区建起的第一所绿色校园——杨家镇台达阳光小学。以及雅安地震后，台达在四川雅安灾区援建的龙门乡台达阳光初级中学。希望让灾区师生感受到绿建筑的好处。

风土再生　导读人：中国建筑设计研究院国家住宅工程中心主任　**仲继寿**

江苏省苏州市吴江区中达低碳示范住宅、青海省 24 个庄廓计划

绿色建筑和当地的自然风貌融入得能有多好？不管是江南水乡，还是西北内陆农牧民聚居地，绿建筑不仅能在景观上与当地自然环境相融合，还能借助当地传统建筑工法，为绿建筑注入新的生命力。

推荐序

行动示范的力量

文／石定寰（中国可再生能源学会原理事长）

中国可再生能源学会发起主办的国际太阳能建筑设计竞赛，从 2006 年起获得台达集团的支持，独家冠名，至今已经超过 10 年。除了支持竞赛举办，竞赛的得奖作品，台达集团也投资建设。比如，2008 年四川汶川大地震，很多学校被震毁了，我们 2009 年竞赛就以重建学校为赛题。获得一等奖的作品，台达集团在绵阳援建了杨家镇台达阳光小学，这也是震区第一所绿色校园。之后雅安地震，我们又将杨家镇台达阳光小学的成功经验复制到雅安龙门乡，援建了龙门乡台达阳光初级中学。所以台达杯我们合作了 10 年，取得了很好的成绩，成为在大陆推进绿色建筑的一面旗帜，也是培养绿色建筑人才的平台。

节约能源、通过节能减排来应对气候变化对我国来说不仅是善尽国际义务，同时也是促进绿色发展、生态文明建设及可持续发展的必然趋势。建筑是消耗能源的大户，占能源总消耗量的 1/4 ～ 1/3，同时还会排放大量温室气体。因此推广绿色建筑，对于节能减排是有重大意义的。国家“十三五”计划强调“绿色发展”的理念，这也要求我们坚持节约资源和保护环境的基本国策，坚持可持续发展，坚定走生产发展、生活富裕、生态良好的文明发展道路。中国尚处于建筑节能的初级发展阶段，我们现在做的就是让更多人了解绿色建筑的好处，培养年轻人对绿色建筑的兴趣，让绿色建筑更好更广地发展开来。

在这一点上，我和台达创办人郑崇华先生的理念十分一致。郑先生创立的台达集团，是做电源起家的，他深知能源的宝贵，他在一次偶然的机会中了解到绿色建筑的好处，而后台达集团把自己的厂办和对外捐建的建筑全都建成绿色建筑。10 多年间，一共打造了超过 20 栋绿色建筑。我曾经参观过台达的几栋绿色建筑，其中台达美洲区的总部，就充分考虑当地的气候条件和运行的能源需求，充分利用太阳能、地热等可再生能源，回收雨水用于浇灌，实现建筑与自然环境的有机结合。这就是台达绿色建筑最典型的特点，充分利用自然工法，将建筑能耗降到最低。而且在台达智能监控系统的帮助下，我们还能实时看到建筑能耗情况，通过数据最真实地了解绿色建筑的好处。

2015 年 COP21 世界气候变化大会期间，我受邀去参加了台达在巴黎举办的“绿筑迹——台达绿色建筑展”。通过展览，我深深地被台达绿色建筑“筑回自然”的理念所打动。我看到了台达 10 余年的建筑节能减排经验、创新的节能技术，也看到了节能技术的提升与应用对于中国既有建筑的能耗改善产生的影响。这次展览也进一步将国际建筑节能经验与台达杯国际太阳能建筑设计竞赛等本地化实践相结合，为推进新能源发展提供了新思路、新方法。

绿色建筑可以减少能源消耗，大大降低二氧化碳气体的排放，事关国家民族的可持续发展和每一个人的身体健康。我想，通过我们双方合作 10 多年的台达杯国际太阳能建筑设计竞赛，通过这本书，能让更多的人知道这一点，了解绿色建筑的好处，让越来越多的人加入节约资源、保护环境的行列。这也是这么多年我们和台达长期合作，致力于推广绿色建筑的初衷。

推荐序
将梦想照进现实

文／修　龙（中国建筑学会理事长）

郑崇华老先生是我特别敬重的能将践行绿色建筑理念一以贯之的前辈，彼此间就绿色发展有较多的交流和交往，他的一言一行使我深刻体会到老先生对自然及人类未来发展的责任和追求。如今再读这本《跟着台达盖出绿建筑》，仍然有很多新的感慨和感悟，很有想写些什么的冲动。恰逢此书要在大陆再版，台达的同事邀我作序，我备感荣幸，同时也很激动。

我们与台达结缘于 2006 年，中国建筑设计研究院作为台达冠名赞助的“台达杯国际太阳能建筑设计竞赛”承办单位，在台达捐建资金的支持下，承担了将获奖作品完善设计，并协助实施建设的工作。“将梦想照进现实”，是这项赛事的一大特点。这项赛事迄今已经成功举办了 6 届，其中 4 届的获奖作品已建成现实中的绿色建筑，包括：汶川地震后建设并投入使用的杨家镇台达阳光小学和雅安地震后建设并启用的龙门乡台达阳光初级中学、吴江中达低碳示范住宅，以及政府立项、民间投资的青海农牧民定居低能耗住房项目——日月山下的24个庄廓。这些项目既培养了大批绿色建筑专业人才，也发挥着良好的工程示范和先进理念传播作用。可以说，竞赛本身已经成为一个重要的绿色建筑行动。

同时，台达运用企业自身的节能技术及解决方案，打造“智能绿色建筑”，自2006年以来，在全球自建、捐建或参建了总计21座绿色建筑。更可贵的是，台达把自身拥有的绿色建筑作为开放展示平台与创作题材，通过各种各样的宣传推广模式，让社会环保人士、青年学子、设计院校师生、专业建筑师等各类人群，了解绿色建筑的设计理念与环保效益，并逐渐参与其中。台达既非环保团体，亦非房地产开发企业，却自发地担负起面向社会大众推广绿色建筑，甚至是培育绿色建筑专业人才的责任，以实实在在的行动落实“环保、节能、爱地球”的企业使命。

台达的绿色建筑行动，是其创始人郑崇华老先生实实在在将他绿色建筑梦想照进现实的结果。11年前，因怀着相同的绿色建筑梦想，我与郑崇华老先生有了交集。初次见面我便感受到了老先生深刻敏锐的洞见、兼济天下的胸怀以及实在的力量，他敬畏自然、尊重环境的生活态度，顺应环境、适用经济的绿色建筑理念，以及他传递给台达“即知即行、做就对了”的企业理念，令我深为感佩。于我而言，郑崇华老先生是我敬重的前辈、朋友，亦是绿色建筑认知与实践领域的知音。我始终认为因地制宜是绿色建筑的灵魂，倡导绿色建筑设计应当“大道至简、返璞归真”，应当以寻找适合当地自然和人文环境资源的建筑特色为追求，以自然节俭为设计策略，尽量减少设备用能，合理应用适宜的绿色技术，积极引导使用者的绿色行为，创造“天人合一”的人居环境。这也恰恰与台达的绿色建筑理念相契合，重要的是台达 11 年的绿色建筑实践落实了这种理念。

这本书汇聚了台达 11 年来建设的各具特色的绿色建筑实例，印证了“绿色建筑并不昂贵”“顺应自然更绿色”“绿色建筑应该是健康舒适的”……这些简单却重要的观念；同时，其中蕴含的宝贵绿色建筑经验、环保知识与节能理念，不仅对于建筑师，对于社会各界公众也都具有学习借鉴意义，当环保节能行为蔚然成风，地球环境危机或可有解。这大概是郑先生及其台达团队最希望达成的使命。希望本书能带动更多的社会各界人士加入到绿色行动之中。

推荐序

环境永续的推广者与示范者

文／高希均（远见·天下文化事业群创办人）

在2010年出版的《实在的力量》一书中，我曾如此形容台达集团创办人郑崇华："郑先生的创业历程，完全符合大经济学家熊彼得在20世纪上半叶所倡导的'企业家精神'的经典定义。它是指创业者具有发掘商机与承担风险的胆识，以及拥有组织与经营的本领。走在时代潮流前面的他，还有另一个抱负：承担企业的社会责任。"

6年之后出版的这本《跟着台达盖出绿建筑》，正是台达实践企业社会责任（CSR）的成果记录。

若问台湾产业界的CSR标杆，台达无疑是最常被提起的企业。《远见》CSR调查举办12届以来，台达已累计获14座奖牌，创下无人能超越的高标。有趣的是，奖项设立前5年，由于台达连续3次获得首奖，评审委员会只好把台达晋升为"荣誉榜"，委婉说明：暂停3年申请。

不只是台湾企业的"高标"，台达集团近5年还连续入选“道琼永续指数”（DJSI）之“世界指数”（DJSI World），且总体评分为全球电子设备产业之首，为世界企业永续经营的标杆。

其中，“绿建筑”正是台达过去10年积极深耕的领域之一。由于多年来对于环保节能的重视，郑崇华要求集团旗下所有厂房都必须是绿建筑，过去10年间，已陆续打造21栋绿建筑，坐落于海峡两岸、印度甚至远在太平洋彼岸的美国。

身为全球电源管理与散热管理解决方案领导厂商，转而投入打造绿建筑，台达集团是维护环境永续的实践者，他们以具体行动证明，只要愿意关注环境永续议题，并付诸行动，气候变化的危机反而是企业最佳的机会。

台达集团同时是绿建筑的推广者。从2008年起，他们开始把触角延伸到校园，捐赠许多教学型的绿建筑，包括四川省绵阳市杨家镇台达阳光小学、四川省雅安市芦山县龙门乡台达阳光初中、高雄那玛夏民权小学、成功大学孙运璿绿建筑研究大楼、成功大学南科研发中心、台湾清华大学台达馆、台湾“中央”大学国鼎光电大楼等。同时，也培养绿领志愿者，导览绿色厂办，让民众对绿建筑有深入了解。

更令人佩服的是，台达集团勇敢而自信地担任全球示范者：让世界看见台湾地区在环境议题上的成绩。

多年来，无论是对于环保、能源、绿建筑，台达都紧扣着全球大趋势——气候变化。台达集团通过旗下台达基金会，于2007年取得联合国气候公约缔约国大会非政府组织的观察员资格，到了2014年，首次获得共同主办周边会议（Side Event）的机会，并在秘鲁利马举行的联合国气候公约第20次缔约国大会（COP 20）中，召开周边会议，传达来自中国台湾的声音。

有了利马会议的成功经验，在次年巴黎气候峰会（COP21）上，台达整合企业与基金会资源，以10年打造21栋绿建筑的经验，参与在联合国主会场蓝区（UN Blue Zone）及巴黎大皇宫（Grand Palais）举办的"Solution COP21"展会。

6年前的《实在的力量》一书中，创办人郑崇华说："只要实实在在地、一样一样地把事情做出来，信心就会油然而生。"《跟着台达盖出绿建筑》这本书再次证实，也更让我们看见，只要不放弃梦想、专注付出、做对社会有价值的事，就能成为社会正向发展的动力。

推荐序

先行者的洞见与胸襟

文／简又新（台湾永续能源研究基金会董事长）

2015 年年底，我在巴黎跟大多数选择这段时间来到这个城市的人们一样，是为了关切地球气候变迁的恶化，以及思考生态环境存续发展的对策而来，这就是全球瞩目的联合国气候变化纲要公约第 21 次缔约国会议（COP21）。

此次会议意义重大，主要的成果在于明确地设定全球目标升温小于 2℃，并致力于限制在 1.5℃以内，全人类一致决定共同解决气候变化问题，全球 195 个国家均参与以国家自定贡献（NDCs）作为减量目标之机制进行减排或限排，并在一个有法律约束性的系统内，进行透明公开的呈现。

此外，将由发达国家筹集的每年 1000 亿美元的绿色气候基金，用来协助发展中国家进行减缓与调适。简言之，巴黎协定开启了人类文明新的一扇门，走向低碳永续的未来，也将彻底改变能源发展与转换的方向，并对全球经济发展产生全面、不可逆的重大转型。上述这些跨世纪、划时代的革命性发展，着实令人振奋！

更令我感到欣慰，甚至骄傲的，则是我在巴黎看到且近身接触了一家台湾地区企业，它将其本业核心技术与节能减排议题相结合，竭尽所能地提高产品节能效率、精进生产过程，在10年前就树立业界标杆、兴建全台湾第一座9项指标都通过的黄金级绿建筑标章认证的厂办，随后更晋升为钻石级绿建筑。

相信大家都知道了，这就是台达。这就是让世界在环境与气候议题上清楚地看见的企业先行者。台达是台湾地区少数将节能减排内化在公司企业社会责任上的企业，除了各式节能产品的研发速度惊人外，更在COP21舞台上引领前瞻性的议题，实在是企业界的“环保之光”。

说到台达，不得不提及创办人郑崇华先生。郑先生是我个人非常佩服的企业家，从创业初期遭遇石油危机，郑先生就对能源问题深有所感，一直到公司投入IT产品研制，更不断思索如何提高整体营运与制造效率，以节省水电资源，所追求的是企业“环保 节能 爱地球”的经营使命，这样无我的大爱精神，不仅赋予企业强大的创新力量，也对整体营运绩效与企业声誉带来关键性的影响与非常正面的帮助。

郑先生是一位非常朴实的人，做事情总是默默耕耘，先把眼光放远，再把脚步踏实，经营企业如是，关怀全人类亦如是。近年来，郑先生逐渐退出台达集团经营第一线，但他用更上一层楼的高度，继续其永续环保事业。

台达从2006年开始，10余年来总共在全球盖了21栋绿建筑，这样的速度与成绩，全世界都没有几个企业或团体能望其项背。台达不仅推广与实践绿建筑，近年更积极研发，运用自家产品或整合方案来提升建筑的能源使用效率。这种“lead by example”的实在作为，真是堪为典范！

我认为这本书带给大众的重要意义就在于将台达“即知即行、做就对了”的理念分享给大家，并借由各具特色的绿建筑实例，让大家了解这些重要却简单的观念是可以落实成真的。当多数人改变观念，就可以成就风气、携手实践，我想，这也是郑先生暨台达团队最希望达成的使命。

自序

台达的绿建筑之路

文／郑崇华（台达集团创办人暨荣誉董事长）

2015 年底，台达参与了对人类未来能否永续生存于地球之上，可以说最关键的巴黎气候会议 (COP21)。台达当年在巴黎主办周边论坛、参与企业永续倡议、举办绿建筑展览，并带着当时盖成的 21 栋绿建筑，与出席气候会议的各国决策者，就建筑可以如何透过不同的手法节能，共同交流与分享台达的经验。包括原国务院参事石定寰先生、美国麻省理工学院 (MIT) 副校长 Maria T. Zuber 等各界先进，当时都参与了台达在巴黎举办的相关活动，一同为人类的未来贡献心力。

然而，这一切并非一蹴可几，而是长期的累积和努力。事实上，台达能完成这些绿建筑，是一群幕后无名英雄努力的成果，比如像是台达营建处的陈天赐总经理。在工地遇见陈天赐，看他晒得黝黑的模样，你不会想像到他是电机系毕业的专业经理人。他对工程品质毫不妥协，不符合标准的地方一定修改到好。没有他的付出，不会有这么好的成果。

2016年6月，我们将COP21巴黎绿建筑展移展北京，接着在9月底移展到台北华山，让大家看见智慧绿建筑如何兼具节能与舒适。举办华山绿建筑展的同一时间，我们也和台湾的《远见杂志》合作出版了这本书——《跟着台达 盖出绿建筑》；2017年则委托“现代出版社”出版简体版，将台达过去兴建绿建筑的经验，以文字、照片和影像呈现给社会大众。

透过这本书，台达想要分享的是，绿建筑可以环保节能，又能让使用者更健康舒适。同时，绿建筑并不是昂贵的建筑，反而是利用本土天然的优势就地取材。有一次有访客好奇问我，台达盖桃园研发中心，到底花了多少钱，我反问他：“你认为要花多少钱？”结果对方猜的金额，几乎是台达实际花费的两倍。他得知后惊呼：“怎么可能？！”实际上，我们除了设计及选材用心，许多设备及自动控制软硬体也都是员工们努力的成果，我们自己设计、自己制造、自己装配使用。

从巴黎之后，台达又有不少绿建筑陆续落成。包括像在印度、泰国与荷兰，都有新的绿建筑落成或完成改造。另外在2017年的7月，台达美洲区总部绿建筑大楼，屋顶太阳能的发电量已大于建筑的用电量，全年则是着眼要挑战“净零耗能（Net-Zero）”的高标准。

另外在我国，依照台达杯国际太阳能建筑竞赛得奖作品所设计，于青海所盖出的低能耗农牧民住房，八月间也在中国建筑学会理事长修龙先生的见证下对外发表，让竞赛主题“阳光与美丽乡村”，在青藏高原上作了最好的结合。我国在绿建筑项目的推广，和全球各国相比非常积极，台达也尝试透过竞赛或教育的方式，让绿建筑的推广经验能为更多企业所用。

兴建绿建筑，可达到十分可观的节能效益；然而，世界上有不少伟大建筑，外观设计非常考究，也顾虑到居住者的舒适，但却很少有人关注是否浪费地球资源，使用起来是否节能省电。经常有人问我，“为什么您那么关心环境危机，热衷拯救地球？”其实我自认环保意识并非与生俱来，而是人生境遇的深刻体悟。

创立台达以前，我曾任职于美商精密电子（TRW），负责生产、技术及品管总共五年。到任之前，我被派到美国总公司受训三个月，在美国电镀厂排放的废水都蓄积在大池子里，每隔几小时就放入化学药剂处理有毒物质，排放到河里前，还得再三确认。只要环保单位在河口抽检到有毒物质，工厂就会遭受重罚甚至勒令停工。当我结训回到台湾的树林工厂，却发现废水排放前完全没有经过处理，就流入附近的田里，原来台湾分公司为了节省成本，再加上当时没有明确法律规定，也就没有编列处理废水的预算。由于有毒物质含量只要个位数的 ppm 值（百万分之一），就可能致命，这让我一夜难眠。第二天，我告诉外籍总经理，这个问题很严重，若出了人命，负责人将会被判重刑。当下外籍总经理吓得脸色惨白，要我“赶快花钱去做！”我立刻找了水电公司，土法炼钢地把废水处理系统建构起来。

像这样一点一滴的人生经验，再加上我在90年代后期陆续看一些环保书籍，包括:《四倍数》（*The Ecology of Commerce, Factor Four*）、《自然资本论》（*Natural Capitalism*）、《从摇篮到摇篮》（*Cradle to Cradle*）等，都给我很大启发。后面我也跟著《自然资本论》的步伐，实际走访了几间书上介绍的绿建筑，开始了台达的绿建筑之路。

近年来天灾愈来愈多、也愈来愈严重，我们必须觉醒，加紧环保节能，希望本书所介绍的台达绿建筑之路，能为有心的个人与企业带来启发，并进一步用行动来维护人类的永续生存。

Chapter 1

筑绿缘起
郑崇华的初心

这些年，关于极端气候的新闻或辩论能源改革的声浪，常在媒体版面与网络社群四处漫延，成为人人普遍有感却又感到无力的议题。因为截至目前，没有人可以提出完美的解决方案。

或许，大家该停下来想想，关于环保这件事，我们似乎“说”得太多，却“做”得太少。我们容易被执行的阻碍给牵绊住，反而看不到改变带来的好处。

有位企业家，已在环保这块领域默默耕耘了数十年；他不仅希望通过教育，唤起民众的环境意识，更盼望借由实际验证的数据，证明节能非但可行，更是人人都可施行的做法。

他，就是被誉为“环保传教士”的台达集团创办人郑崇华。多年来，他不但致力于推动能源教育与普及绿建筑的观念，更不时在各种场合勇于发言，希望带动台湾的社会发展模式和经济成长结构，未来能顺利朝永续方向成功转型。

外界不免好奇，1971 年从电视零组件起家，尔后登上全球最大电源供应器龙头宝座的台达，为何会如此专注环保领域？而在电子制造业已经占有一席之地的台达，又为什么会从 10 年前开始，陆续自建与捐建 21 栋绿建筑？

这一切，都得从郑崇华年少时的好奇心谈起。

台达于 2009 年打造高雄世运会主场馆的太阳能光电系统，每年可发电 110 万度以上，减少 660 吨二氧化碳排放量，效益等同种植 33 公顷的树林，实践环保理念。

01

儿时启蒙
老祖宗早有绿智慧

苏重威　手绘

郑崇华是福建北部的建瓯人。建瓯市位于闽江上游、武夷山东南面，在文献中有记载的历史就有3000多年，福建省的名字就是从南方的福州与北方的建州（建瓯古地名）各取一个字而来。

郑崇华的外祖父家，位于离建瓯30多公里的水吉县（1956年撤销），小时候因为战乱，他和母亲、弟弟待在水吉外祖父家的时间比较多。郑崇华回忆，在水吉的幼年时光十分惬意，常在学校放学后、太阳下山前，和同学朋友相约钓青蛙、抓鱼，沉浸在大自然的怀抱中。

从小，他就是个对很多事感到好奇的孩子，喜欢看人们怎么驾牛耕田，常跟着朋友到田里插秧种稻。印象最深刻的事情是，水吉的天气变化很大，夏天很热，冬天却会冷到下雪，但每每回到家门大厅，屋内温度和湿度并没有受到外面天气太大的影响。尽管夏天在外面热得汗流浃背，一回到屋内又很凉爽；冬天即使下雪，屋子里也不像外面那么冷。

郑崇华记得，外祖父家的大厅天花板很高，墙壁不仅很厚，由黄泥与稻草制成的砖头中间，还保留了一层空隙。多年后他到德国参访绿建筑才知道，原来这层空隙具有隔热（冷）效果，德国人利用报纸与破布裹蜡，放在墙壁里隔热，但传统中国建筑已有这样的智慧。

另外，大厅两旁各有一个天井，这两个天井让冬

在电力还未出现的年代，人们就懂得让建筑顺应气候条件，营造冬暖夏凉的环境。

传统闽北建筑里的绿色智慧

传统闽北建筑样式受“徽派”影响甚深，多以杉木为骨、方石为基，辅以青砖灰瓦，卵石砌坪。

儿时的亲身体验让郑崇华发现，传统建筑其实蕴含有许多环保巧思与节能创意，可以用最自然的方式，提升居住者的舒适度。

本书特地邀请潘冀联合建筑师事务所主持人苏重威，根据郑崇华的描述，亲自手绘了几幅素描，重现了他儿时居住的外祖父家的水吉宅邸，带领读者领略老建筑的绿智慧。

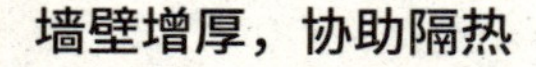

墙壁增厚，协助隔热

闽北建筑常使用“夯土砖”，在墙面与墙体之间，以空斗砌法创造一个“空气层”，帮助建筑隔热，内墙再以石墙作为修饰。

据郑崇华回忆，建瓯老家的墙体非常厚，而且隔热的空气层有两层，若将墙面剥开，还能从里头的黏土层挖出稻秆，透过这些复合材质，使墙体兼具防潮与隔热等功能。

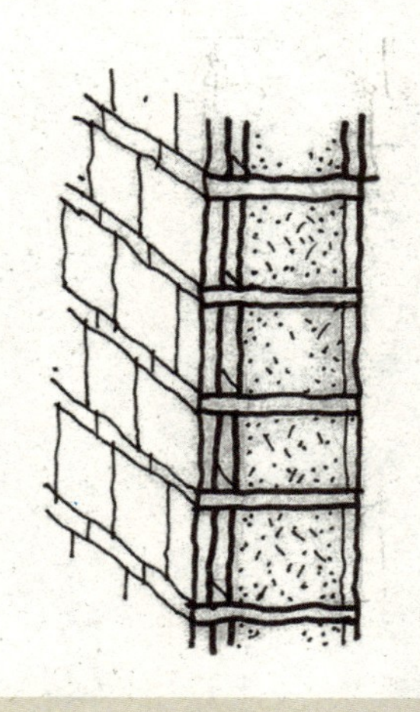

屋顶挑高，促进通风

郑崇华的印象里，外公家的厢房至少有3层，一楼是家人活动空间，二楼作为储藏室，偶尔他会用一把小楼梯爬上去做功课。

至于最上面那层楼，其实只有屋顶，没有墙壁，主要是利用通风原理，让室内保持凉爽宜人的温度。

地道引风，调节温度

闽北宅院里的地坪石板下方，偶尔会顺应地势埋设风道，将宅院后方经水塘降温的冷空气导入。在还没有冷气可用的年代，提升空气中湿度以吸收“潜热”，是很常见的建筑降温手段。

漏斗天井，加强采光

古时候的人没有电灯，烛火又有危险性，只好活用头上的阳光。

外祖父家的厢房，屋顶设有“漏斗形”的特殊天窗，除了能将明亮的天光引入室内，而且相较于一般天窗，还能减少直射进来的辐射热。

天大门紧闭时，室内空气还是可以跟外界流通。天井下还有石板打造的雕花花台，高度刚好到他的脖子，所以他常靠在花台上，忘情地观察蚂蚁。

有次下大雨，郑崇华还顺着水流的方向，发现屋内有一条隐藏的风道，是通往屋外花园旁的水池。他认为这应该是利用水池降温，再利用风道将冷空气引入室内，最后由天井排出。当时年纪还小的他，当然不知道什么是绿建筑，但每天都在享受这种建筑带来的舒适感与节能效果。“我想这也是环保跟节能意识在我心中萌芽的开始。”

他事后发现，中国古代的建筑方式，既健康又环保，通风、采光、隔热等样样考虑周到，深觉先人的智慧十分可贵。

缺电刺激　以环保节能为理念

第二次的启发，是郑崇华刚创业的20世纪70～80年代，当时碰上台湾地区制造业与电子业蓬勃发展的经济起飞期。不仅工厂用电量大增，人们的收入和生活水准也不断提高，开始大肆采买电视、冰箱、洗衣机等家电用品，导致每年用电量持续增长，常有供电吃紧或停电之虞。

不仅如此，当时国际上更爆发两次震惊全球的“石油危机”，各国对能源议题的焦虑与讨论声浪，比起现在有过之而无不及。“现在大家讲台湾缺电危机，

1　现任台达执行长郑平（左三）与营建处总经理陈天赐（右一），2005年均陪同郑崇华走访包括太阳能建筑创新中心（SOBIC）、SolarFabrik工厂、建筑技术训练中心（HBZ）等，了解德国当时在绿建筑与再生能源领域的发展。

2　郑崇华在拜读罗文斯（Amory Lovins）所撰《绿色资本主义》后，到美国实地走访洛杉矶研究中心（RMI）总部，向罗文斯（左）请教建筑节能之道，二人的友谊也维持至今。

3　由泰国建筑师Soontorn Boonyatikarn设计的Bio Solar Home，郑崇华参访过4次。

1

2

3

其实跟当年比起来不是那么紧张。郑崇华日后受访时说。

这段经历，不但让身为企业经营者的郑崇华开始关注能源议题，后来更促成台达从制造电视零件转向研发交换式电源供应器（Switching Power Supply），经过几年的努力，终于在1983年成功地打入电源管理产品市场，促成公司下一波的飞速成长。

阅读中获得启发　领军参访专家

2002年，他读到一本《绿色资本主义》（*Natural Capitalism*），作者罗文斯夫妇（Amory & Hunter Lovins）提到几个现在已成显学的重要概念，包括新的工业革命；工业发展造成的能源、资源的浪费与短缺；混合动力汽车、氢燃料或电动汽车；创新的工业设计与管理模式以减少浪费、污染；等等。

不过，除了跟经营企业相关的内容，还有一个令郑崇华印象深刻的概念，就是“绿建筑”！

书中提到，建筑物所消耗的能源，占全球能耗多达1/4～1/3。然而，现代人居住或工作的空间既不舒适也不健康，活脱脱像个大箱子，用极端的照明和空调设备，企图打造适合生活的场域，但现代建筑采取的通风、采光、隔热等人为手法，却没有一样顺应自然气候与周遭环境的特性，变成一种极不协调的设计，不仅在建材上造成浪费，后续几十年的使用与居

闻名的德国鲁尔区废矿坑重建计划，有栋长176米、宽72米、高15米的大型绿建筑Akademie Mont-Cenis，上万平方米的屋顶安装了大量的太阳能板，发电量曾高居世界单一建筑物之冠，不但用电自给自足，还有余电回馈市电。

住过程，更会造成电力与水资源的过度消耗。

读到那些篇章，不但让郑崇华想起小时候住在外祖父家的体验，以及那份冬暖夏凉的回忆，更解开了他长久以来隐藏在心中的问号。

2004～2005年，他在繁忙行程中，毅然决定背起行囊，展开多次绿建筑参访旅行，到国外吸收最新的绿建筑知识。他同行并带着为公司规划厂房的营建处总经理陈天赐、设计厂房的建筑师、执行环境教育专案的基金会同人、各相关事业单位与分公司同人，一起走访世界各地的知名绿建筑。

首先，他以书中提到的一座位于泰国的绿建筑为起点，到当地会晤专精于绿建筑设计与工法的大学教授 Dr. Soontorn Boonyatikarn，参观他设计建造的 Bio Solar Home。郑崇华坦承一开始半信半疑，前后一共去泰国拜访了 Dr. Soontorn 多达 4 次，到现场亲自见证过，并请专人解说绿建筑的设计原理跟施工手法，让许多同行的台达主管大开眼界。

只有 3 层楼的 Bio Solar Home，原本希望用太阳能提供所有日常用电，但由于屋顶面积不足，让许多工程师伤透脑筋，没想到经过 Dr. Soontorn 的巧手，并结合当地自然环境、气候等条件，最后用电量仅为同样楼地板面积的 1/16（6% ～ 7%），而且通过通风设计，加上植栽与地道降温等机制，还可在四季如夏的泰国，将室内温度稳定维持在 25℃上下、相对湿度保持在 50%左右，并拥有良好的空气品质。

次年，台达的取经之旅转往德国。当时德国已是广泛应用太阳能的绿能大国，他们走访了许多大型的绿建筑与办公室、银行、工厂、住宅社区，以及推广绿建筑示范机构与培训员工的训练所，深入研究德国

1 德国鲁尔区的“屋中屋”(house in house)，是郑崇华多次绿建筑参访行程中印象最深刻的作品。

2 引进大量自然光线的绿建筑，白天不用开灯就很明亮。

3 “屋中屋”使用许多当地林木作为建材，一来降低运输碳排放量，二来也有“固碳”之效。

1

2

3

人如何打造绿建筑。

其中，最令郑崇华印象深刻的，是德国鲁尔区的废矿区重建计划（Akademie Mont-Cenis），建筑师以“屋中屋”的方式兴建绿建筑，外层以建筑整合型太阳能板（BIPV）建造100万峰瓦（1MWp）的“微气候帷幕”，内在空间则包含图书馆、水池、咖啡馆等建筑物。

Akademie Mont-Cenis 用了许多的木材做梁柱，这些木材都是当地为了让森林健康成长，因疏伐而产生的建材，也等于将二氧化碳固化于木材之中，极具德国特色。这样的设计也让郑崇华体会到，不同的国家和地区对于绿建筑的设计，都应该要有一套当地的标准，以符合当地的气候与自然条件。

催生台湾首座黄金级绿建筑

到海外亲眼见证后，郑崇华深感，既健康又节能环保的绿建筑，现在不做，将来一定会后悔！

2005年，适逢台达准备在台南科学园区兴建新厂办，郑崇华便决定，往后所有新厂办都要打造成绿建筑，随即着手寻找专家协助。

当时正巧台湾绿建筑标准EEWH的起草人、成功大学建筑系教授林宪德到台达演讲，郑崇华先是与他深谈许久，后来就决定委托林宪德，将台南厂打造成台湾第一栋绿建筑厂办大楼。林宪德就此成为台达推广绿建筑不可或缺的重要伙伴，还义无反顾地打造出台湾首座“零碳建筑”——成功大学孙运璿绿建筑研究大楼，成为一时话题。

林宪德回想，或许是他标榜的绿建筑不必走“闪闪发亮的太阳能晶片”“嗡嗡作响的风力发电”或“核

在德国
绿建筑并非时尚豪宅

时任台达基金会副执行长黄小明笑说郑崇华对绿建筑的相关知识的热衷：“董事长连吃饭的时间都在翻资料，一刻不得闲。”好学的工程师性格表现得淋漓尽致。

1997 年问世，至 2016 年 4 月累积销售突破 900 万辆的丰田（Toyota）油电混合动力车 Prius，是近年全球最热卖的节能车款（Hybrid）。不过，在 2006 年 Prius 引进中国台湾市场之前，郑崇华早在 2004 年就自己设法购买了一辆，研究个中的节能奥妙。

黄小明观察，在台湾，绿建筑常被当成高价豪宅的行销诉求，成为一种绿色时尚。但那时台达在德国参访的绿建筑，多是一般人自住的民宅，甚至不少是由老百姓亲手打造，显示环保观念已深入国民的日常生活，并非赶流行或炫富心态。

尽管不少人担心，绿建筑的建造预算偏高，但理性的德国人仍然肯将钱花在刀刃上，因为从能源节省的效果与友善环境的长期绩效来看，打造绿建筑的花费不会太高，反而更节省。

子潜艇般的储冰空调”等酷炫路线，反而应回归自然通风、简朴造型、重复利用等顺应环境的基调，因此双方在理念上一拍即合。

过去，大家总认为电子业属于高耗能产业，相对地，电子厂房一定也是高耗能、高污染的建筑物，许多民众都以为高科技厂房要有晶莹剔透的玻璃幕墙，或闪闪发光的金属外墙。事实上，这些都是“能源杀手”，根本不适合台湾高温又潮湿的亚热带气候。

台南新厂打破昂贵迷思

有鉴于此，台达希望改变这个刻板印象，打算将台南新厂打造成一个生态、节能、减废、健康的全新场域。厂房外观即以深遮阳与丰富阴影，寻求采光跟隔热的平衡点，既呼应台湾所处的亚热带气候特色，又达到节能的效果。

经过林宪德与建筑团队的规划，2006年，台达的台南新厂成为第一座全数通过台湾内部事务主管部门绿建筑EEWH评估系统九大指标的建筑物，更是台湾第一座获得“黄金级”绿建筑标章的工业建筑。启用后台达团队持续改善，加上陆续更新节能系统，2009年再升格为“钻石级”的绿建筑。

10年后回过头来看，台南新厂不但是台达在绿建筑旅程上的实作开端，更重要的是，它还打破了绿建筑造价昂贵的迷思。

2006年落成的台达台南厂，在台湾地区绿建筑历史缔造许多第一的纪录！

郑崇华评估，台南新厂只比一般厂房多花约 15% 的成本，“很多是因为当时还没有适合的建材”，一旦绿建筑成为房地市场主流与施工标准，建材供应问题大可改善。

绿建筑微电影，精华现播

没有陈天赐
就没有台达的绿建筑

谈到台达的所有建筑，当然包括绿建筑，绝对不能不提这位几乎每位台达人都听过却不一定见过的幕后英雄——台达营建处总经理陈天赐先生。

每次谈到台达的建筑，郑崇华就会提到陈天赐，肯定地说："若没有陈天赐，这一切都不可能。"

郑崇华眼中的陈天赐，认真、负责，但要求严格、脾气很坏、注重细节，所有上下游厂商都很怕他，但也因此让台达的建筑品质极高。这位已经在台达40年的老员工也得到郑崇华的高度信任，"他的报表、账单，我闭着眼睛都能签。"

每栋兴建中的建筑工地，陈天赐一定带着郑崇华巡视。有一次陈天赐向厂商介绍，"这位就是我的老板"时，厂商还半开玩笑地挖苦陈天赐，"你还有老板喔？！"

陈天赐，大专机电科系毕业，1978年进入台达就被赋予新建厂办任务，"应聘的时候，我以为是来做机电设备维护，没想到郑先生说，我就是找你来盖工厂的呀！"

回忆起当初的转折，陈天赐说："多亏郑先生给我们这些做事的人很大的空间，边做边学、累积经验，不然可能3个月就走了。"事隔近40年后再笑谈刚进公司的那3个月，陈天赐除了感念创办人的信任与肯定，眼神中更焕发一股舍我其谁的使命感。

"绿建筑，我只把它当作一个名词，在大家都不曾谈论这个名词时，台达盖工厂早已最重视通风、采光、隔热、散热等问题，可以说，从20世纪80年代起，就开始在厂办兴建过程中运用许多现今所谓'绿建筑'的设计与施工方法了。"他说。

这样的创意未必在当时的绿建筑认证标准内，但透过专业与丰富经验，陈天赐默默地替台达节省建厂成本，并减少无谓的能源消耗。

建了快40年的工厂，陈天赐

在工地打转的时间比待在办公室多，问他最满意的作品是什么时，他一直谦称，“代表作？没有没有，我没有代表作啦，有代表作也是台达的代表作啦！”话还没说完，他已经行色匆匆地赶到隔壁施工中的中坜三厂去“巡田水”了。这就是老台达人最令人感佩的忘我精神。

02
在台湾的第一个家
台中一中
中友百货
校史馆

除了在福建老家古宅感受到绿建筑的奥妙，很多人不知道，郑崇华在台湾的第一个家——台中一中，也对他日后踏上绿建筑旅程，有着重要的启发作用。

由于战乱，郑崇华13岁便跟着三舅来到台湾，从此和父母分隔长达35年。来台不久，三舅因工作关系必须离开他，使得刚进入台中一中就读的他，在校园与宿舍独自过了5年，必须忍受孤寂，学习如何自己照顾自己，打理生活所需的一切。

在其自传《实在的力量》中，郑崇华描述了那段离乡背井的年少时光：每逢寒暑假，大多数同学都回家跟亲人团圆，平时热闹的宿舍，只剩一批东北来的高中部学长。他整天在空荡荡的校园里闲逛，好不寂寞。

数不尽的夜晚里，他常一个人坐在操场，仰望着星空，一边想念家人，幻想他们是否也在另一处，仰望同一个月亮；一边又好奇，到底宇宙有多大？星空的存在有多久？浩瀚无边的宇宙，无形中抚慰了年轻游子的心，也让郑崇华培养出敬畏自然、尊重环境的谦卑态度。

他曾在多场演讲中表示，若把地球46亿年的历史浓缩到一天24小时，人类的祖先“智人”，只出现在最后9秒钟，而不到300年的工业革命，更只存在不到0.1秒的瞬间。“但人类却忽视了地球天然资源有限，所从事的各种活动大量地耗用自然资源，造成能源短缺，破坏了原来的生态平衡，甚至因为温室效应

台中一中校史馆

建筑年份	1937年（2015年修复）
设计	畠山喜三郎（潘冀联合建筑师事务所规划修复、一元创合设计公司调查研究）
空间量体	822.53平方米
相关认证	台湾第一栋经计算并公告“碳足迹”的历史建筑

1 整排的玻璃门窗，让校史馆拥有充足的自然光线，亦可强化通风效率。

2 台中一中校史馆修复案设计图。

3 建筑师刻意保留屋顶上难得一见的“芬克式桁架”(Finktruss)，让后人了解日本殖民统治时期的建筑风格。

的加剧，改变了地球的气候！”

多年后，郑崇华感念当时台中一中的生活经历，让跨海来台的他，能在台湾有片小小的安顿之地。在校方邀请下，他委请国际知名的潘冀联合建筑师事务所及古迹修复经验丰富的泰南营造，参与校内唯一留存的日本殖民统治时期老建筑、2004 年被台中市政府登录为历史建筑的校史馆修复工程。

2015 年 5 月，正值台中一中建校百年的历史时刻，历经 4 年的规划研究和施工过程，郑崇华终于让母校的重要文史资产得到妥善修复，更借由绿建筑的巧妙工法，为这栋近 80 年的日本殖民统治时期的老建筑，添上了友善环境的新面貌，成为台湾第一栋经计算并公告“碳足迹”的历史建筑。

复旧如旧，活用日本殖民统治时期校舍绿思维

令人意外的是，日本殖民统治时期打造的校史馆，竟然也含有友善环境的设计理念，证明绿建筑并非什么前卫潮流，而是顺应自然、普适通用的建筑基本原则。

台中一中校史馆旧名“第一中学讲堂”，由日本建筑师畠山喜三郎设计，一开始是朝体育馆作规划，同时也是集会场所。当时日本殖民统治者因战时需求，在台湾中、小学校大量兴建或改建旧制讲堂，借集会场合宣导天皇政令，第一中学讲堂就是在此背景下建设的。

在台湾光复后，第一中学讲堂则被作为礼堂使用，

开学或毕业典礼若遇雨天，活动就会在礼堂里进行；郑崇华的毕业考就是在礼堂里进行的。几十年过去了，随着新的体育馆落成，学生使用礼堂的频率开始下降，屋况也越来越不好。后来改由校友会进驻，将礼堂重新规划为校史馆，屋顶也改铺红色的铁皮屋顶以避免

为古迹添绿意 比重建还困难

面积不算大的台中一中校史馆，从开始构思整修到最后完工，几乎花了整整 4 年。堪称台达打造的众多绿建筑中，耗费时程最久的一座。为什么？

2011 年开始负责校史馆修缮的前台中一中图书馆主任王昭富，原本和大他快 30 岁的老学长郑崇华素昧平生，趁着一次跟校友会北上参访的机会，向台达主管提出募集校史馆修缮资金的需求，没想到竟得到郑崇华回复，允诺抽空回母校看看。该年年底回校参访后，郑崇华立即答应尽最大努力协助。

事实上，如何妥善修复历史古迹或让既有建筑物转为绿建筑，难度比从头打造一座新建筑还高。

而翻修被政府列管的文史建筑物，过程必须经过许多管理部门的密集审核与监督管理，很容易吓跑赞助单位与施工团队。王昭富透露，台中一中校史馆已算幸运，获得来自台达的民间资金支持，假使建造资金由政府提供，审核程序恐怕更加漫长。

不仅如此，为保护历史文物风貌，校史馆的翻修预算也不断提高，从原本成功大学研究团队估计的不到 2000 万元新台币，最后飙升到近 7000 万元新台币，但台达依旧不离不弃，坚守承诺将它完成。

漏水，室内又为隔热加上轻钢架天花板。最后整栋建筑就变成密不通风、充满霉味并需要靠大量使用空调才能降温的老旧建筑。

负责规划的建筑师潘冀回想，一开始进场勘察，校史馆的屋顶呈现封闭状态，重新清理时却发现，里头含有大量“芬克式桁架”，不仅完整呈现日本殖民统治时期在金属桁架构造上的变迁风貌，立面开口的方拱窗及菱形窗饰，更记录了当时的营造技术风格。“我很意外，也很佩服。怎么七八十年前的结构设计，就可以做到那么轻巧？”他赞叹。

从结构来看，校史馆是长 30 米、宽 20 米、高 6

米的大跨距长方形建筑物，整个主体空间没有一根柱子，非常通透。为增加通风效率，四面不但开了46樘木门窗，上方还有几扇通气窗，表明光线及通风在当时已是设计重点。

当时负责校史馆修复工程的台中一中图书馆主任王昭富观察，前身为礼堂的校史馆，当初就预留大量门窗，便于屋内通风，屋顶也有散热功能，帮助降低室内温度。他感慨："或许是为了防小偷吧！现代的房子经常门窗紧闭，让人们愈来愈习惯开空调。"结果反而不断提高建筑能耗。尽管启用将近80年，校史馆却一路安然度过多年来的频繁地震，抗震能力可见一斑。若非岁月流逝导致外观斑驳老旧，加上屋顶发生漏水问题，校方也不会计划修复。

历时4年才修复完工的台中一中校史馆，成为台湾首座经计算并公布"碳足迹"的历史建筑。

为保存历史建筑的文化特质，并活用原有的绿建筑设计概念，建筑师与营造厂决定采取"复旧如旧"的修复方法。因为一旦历史建筑变得太新，甚至改了绝大部分样貌，反而失去修复的意义。

一层楼变二层楼　化身多功能空间

建筑团队在设计阶段做了非破坏性调查，了解多年来进行过的多次改修过程，及原先使用的材质与结构特性，在台湾古迹修复上是史无前例的创举，却也一再增加施工的复杂度与所需时间。

如今，完工后的校史馆，除了将原始建筑修复及保存构造，更将原先只有一个楼层的空间，巧妙设计成两个楼层，成为校史资料展览及社团活动中心等多功能空间。此外，屋顶建材改用耐久且低维护的钛锌板，板下加一层隔热岩棉，减少太阳热量传入室内；中间顶端的一排天窗装有反射板，减少太阳直射，加强建筑物的自然采光与空气流通效果，减少不必要的照明与空调用电。

现在，台中一中的学生们走进校史馆，很容易就能体验到什么是“浮力通风”原理，而且白天几乎不用开灯，就能一眼望尽当年的屋顶桁架之美。

绿建筑微电影，精华现播

新教学温室与校史馆一起重生

坐西朝东的校史馆，西侧有片樟园，东南侧栽种了灌木，这些植被有助于调节周遭环境的微气候，透过冷却夏季的南风气流，降低室内温度。

回顾台中一中逾百年的历史，不能不提到樟园。1915 年由台中雾峰林家捐献的校地，上面种满了樟树，因此被人们称为“樟仔园”，内有创校先贤之一的林献堂手植的两株樟树及 1 座温室，园内植物种类曾超过 200 种，是全校生物多样性最高的区域。

可惜，紧临校史馆的教学温室，原本以校史馆西侧墙面作为温室墙体的一部分，并于上方增设水塔，造成历史建筑风貌价值的折损。因

“容光华园”是台中一中校内生物多样性最高的区域。

此当台达启动校史馆的修复再利用计划，便在郑崇华董事长的挹注经费下，并经校方的同意与选址，决定将温室迁移并重建于学校的科学馆旁，让学生能继续在此进行生物育种与研究课程。

在众多师生期盼下，2014 年年底落成的新教学温室，同样采取绿建筑手法，并由台中一中在校的老师们投票命名为“容光华园”。

这是座室内面积约 30 坪（1 坪约合 3.3 平方米）的玻璃建筑物，四面采光，非常明亮，按照校方教学需求，规划为室内与户外植物区，外侧设有生态池，里面种植能过滤水质的水生植物。

挑高的屋顶，可根据天气状况打开天窗，两侧墙面用的是透气百叶，即使夜间无人留守，温室内的植物也能顺利呼吸。台达还请建筑师修改了屋檐设计，不妨碍地基上原有的乔木生长。

值得一提的是，校方刻意将育才街方向的墙面降低，让路过的行人也能看到“容光华园”洋溢的绿意。

而在热情的生物老师号召下，师生们主动成立志愿者队，让学生参与兰花蕨类培育及日常维护工作，更成了台中一中自然科的特色课程。近来校方更与自然科学博物馆合作引进台湾特有品种兰花，让这里成为台湾兰花的种源库之一。

Chapter 2

商办、厂房统统绿起来

回应创办人郑崇华要把集团旗下所有厂房都盖成绿建筑的要求，过去10年间，台达在全球各地已陆续打造了多栋绿建筑，足迹遍及海峡两岸、印度，甚至远在太平洋彼岸的美国，实践“自己的绿建筑自己盖”的承诺。

这些绿建筑的形态包罗万象，有从零开始打造的全新厂房，也有启用多年再改造的旧厂办，连单纯办公和开会用的总部大楼，台达也没放过，而且建筑横跨热带及温带等不同气候区域。

10年的经验累积，台达绿建筑的设计手法与减排效益越来越进步，旗下绿厂办的节能绩效，一路从30%、50%、70%逐步攀升，逼近“净零耗能”，甚至进一步达到“正能量建筑”（能源的产出量多于消耗量）境界。

回顾台达节能厂办的绿建筑足迹，就从台南厂开始。

DELTA

01

“被动式”节能始祖
台达台南厂一期

台湾绿色厂区的启蒙地，就在艳阳高照的南台湾，位于台南科学园区的钻石级绿建筑——台达台南厂。

回顾台湾近年刮起的绿建筑风潮，台达台南厂可以说占有重要的历史地位。

2006 年，它是第一座全数通过台湾内部事务主管部门 EEWH 评估系统九大指标的绿建筑，不久成为首座获得“黄金级”绿建筑标章的厂办。通过启用后的持续改善，加上陆续更新节能系统，2009 年，台南厂升格为“钻石级”绿建筑。

绿建筑设计典范　引领风潮

可是遥想 10 年前，绿建筑既非显学，台湾也没有那么多节能设备和专家，但在林宪德教授与建筑团队的规划下，台达台南厂大量运用“被动式”的节能设计思维，如错落有致、充满棱角的露台和阳台，创造大量遮阳与阴影，减少阳光直射的热量。

当时在设计栏杆时，厂务有的建议直的，有的建议横的，郑崇华建议用斜 45 度角的方式呈现。建筑落成后，从远处看台南一厂的栏杆组合，竟如同绿建筑抽芽萌发般有趣。

门口那座大型金属折板，则是台达台南厂最抢眼的外形特色，更提供了遮风避雨的玄关空间。郑崇华回忆，“林宪德当初在设计遮阳结构时，用几张纸就将遮阳结构折了出来，立在桌面上，看起来很漂亮。当

台达台南厂

完工年份	2006 年
设计	林宪德
基地面积	19108.99 平方米（一厂、二厂合并计算）
楼地板面积	21159.40 平方米
节能效益	最高达 38%（相较于传统办公大楼）
相关认证	台湾 EEWH 钻石级绿建筑 首座通过 EEWH 评估系统九大指标的绿建筑厂区

1

2

然因为他是建筑师，所以纸怎么折都好看。”

另一个不能不提的设计特色，就是刻意把电梯“藏”起来。多数现代办公大楼，通常一进门就看到电梯，使人不自觉地跟着排队等电梯，但走进仅有 4 层楼的台达台南厂，整个大厅空间最抢眼的立体装置，是位于左侧、色彩鲜明的“友善楼梯”，电梯反而藏在不起眼的后方隐蔽处，借此鼓励员工多走楼梯。

地下停车场也一改传统刻板面貌。以往位于大楼底下的停车空间，总是幽暗不明、潮湿闷热。对此，台达台南厂在建筑物四周设置了天井，强化地下停车场的采光与通风，一方面减少照明设备的耗电，另一方面让车辆废气可以迅速逸散，维持良好的空气品质。

如何节省水资源也是重点。台达台南厂屋顶、露台与地下停车场，都有截取雨水的沟槽空间，回收雨水收集至地下 400 立方米的储水槽，经简单过滤，作

1　造型抢眼的友善楼梯，鼓励员工徒步上下楼减少耗电。

2　地下停车场透过天井引入外部光线，大为减少阴暗潮湿的不适感。

3、4　采光天井及加强对流的气窗，既减少照明用电，也有助于维持良好的空气品质。

1

2

3

为浇灌与浴厕用水，真正缺水时，若加以净化即可作为紧急水源；同时户外采用透水铺面，可贮留雨水涵养地下水源。

运用内凹遮阳、友善楼梯、加强自然采光和通风、雨水回收等“被动式”设计概念，比起一般科技厂房，台达台南厂节省最高达38%的能源与50%的水资源，打破许多人以为绿建筑等于太阳能板或风力发电机等酷炫科技的误区，迈出绿建筑成功的第一步。

台南厂启用后第一年，超过2000名的专家学者莅临参访，观摩这栋朴实的绿色奇迹，引领科学园区采用绿建筑设计概念的风潮。

度假饭店氛围掳获员工心

多年来，外界都称赞台达台南厂像是南科内的度假饭店。的确，从错落有致的阳台、明亮大厅，到周围环绕的植被绿化带，这里的确很有热带饭店的氛围，让员工的工作心情格外放松。

迁入新厂一年后，人资部门曾对员工做过各项满意度调查，结果在“环境满意度”这一项上拿到95分，往后的满意度调查，台南厂几乎年年居高不下。这种由绿建筑引发的无形成效，让创办人郑崇华十分开心，直说是“花钱也买不到的”！

事实上，绿建筑不只讲究节能减排等硬指标数据，也要求为使用者提供健康、舒适的生活环境。举例来

1 犹如热带度假饭店的台达台南厂，如今成为南科园区的著名地标。

2 厂外的生态地绿带，提供许多小型生物作为栖息地。

3 厂房门口那棵大病初愈的老树，象征台南厂旺盛的生物多样性及自然活力。

说，台达台南厂的大厅总给人一种明亮舒适感，因为楼顶的四方形天窗，不但能引进自然光线，还能利用浮力通风效应，将室内热气排出，同时引进外部温度较低的凉风，打造清新宜人的工作环境。

多层次植栽　生机盎然

其次，厂房四周充满生机的生态植栽和立体绿化带，可以每天欣赏不同的鸟类、蝶类穿梭其间，环境中充满虫鸣鸟叫之声，员工不但可以随时接触大自然，就连访客也常流连忘返，忘了这里其实是科技厂办。

一般建物打造的绿化带或花园，时常太注重整齐度，结果变成仿如高尔夫球场的人工草皮。但台达台南厂的植栽密林，反而像是不经意配置的枯木、乱石、空心砖，提供的多样化小型生物（如爬虫类）栖息地。

像在台南一期大门前的左边有棵树，有一阵子染病，连叶子都像火烧一般卷曲。园艺人员原建议用农药杀虫，但从台南厂的厂务考虑，这是绿建筑，用过多药剂恐损生物多样性，林宪德也说要让生物可以自愈，因此只用了一次杀虫剂，其他就靠树木自救。想不到后来小树真的活过来了，现在反而成为台南厂维护生物多样性的代表。

由于是集团第一栋绿建筑，台达在规划初期，就设法让员工了解绿建筑的意义与节能效果，希望大家亲身使用与体验过后，都变成推广大使。随着参访人

绿 知 识

“被动式”“主动式”大不同？

常听到的绿建筑设计概念可分为两种：一是“被动式”，二是“主动式”。

“被动式”概念强调建筑前期设计时，就该考虑气候与自然元素，通过空间规划手法，加强采光、通风、隔热、保暖等效果。如寻找最适当的建筑朝向、门窗位置及建筑材料，创造冬暖夏凉的生活空间，减少建筑在往后数十年生命周期的能源支出与维护成本。

“主动式”设计是指采用节能科技或绿能设备，如装设再生能源发电系统，增加额外的电力来源，或改用 LED 省电灯泡、变频空调、搭配智慧软件，提高建筑的能源使用效率。屋顶常见的太阳能光电系统，或最近风行的能源管理及分析系统，都是“主动式”的节能设计。

绿建筑不一定都是造价昂贵的豪宅，或需要购买价格不菲的科技设备，只要善用“被动式”设计手法，让自然风取代空调、阳光取代灯泡、用回收雨水减少耗水量，降低耗能与碳排放量；若再加上“主动式”节能的做法，更可替建筑生产更多绿色能源，减少无谓的能源损耗。

潮增加，为应付庞大的解说和导览需求，台达开始训练员工担任讲解志愿者，台南厂即是第一个试办地。

曾有业务部同人回忆，多年前接洽某家欧洲重要客户时，在会议尾声播放了短短几分钟的台南绿建筑影片，当下客户即对台达的环保理念深感认同，立刻决定合作，“就像在关键时刻说出了通关密语，打开和客户的合作之门”。

绿建筑微电影，精华现播

DELTA

02

陆地上的白色邮轮
台达台南厂二期

顺着台达台南厂往右走，就来到了 2012 年启用、以廊道相连的台达台南厂二期厂区。

时隔 6 年，这栋绿建筑邀请了另一位知名建筑师潘冀操刀，不但延续了原有的环保理念，更展现出不同的设计思维。

从外观看，台南厂二期仿如一艘现代感十足的白色邮轮。和台南厂一期异曲同工之处包括：大量导入自然光以降低人工照明，透过立体绿化创造丰富生态，地下停车场不但延续采光天井，还增加了蓄水及滞洪池功能。

此外，台南厂二期也导入更加多样化的绿建筑设计方式。来到两座厂区的通连走道，抬头一看，即可一窥两者设计窗户遮阳空间的巧妙不同。

如使用双层中空的节能玻璃，让外气先在地道预冷，再进入空调箱；升降设备采用永磁同步电梯，可将回收电力及屋顶太阳能光电系统的发电并入市电，协助调节整个厂区的用电状况。这些都是台南厂二期的新尝试。

台达台南厂二期

完工年份	2012 年
设计	潘冀联合建筑师事务所
基地面积	19108.99 平方米（一厂、二厂合并计算）
楼地板面积	27194.59 平方米
节能效益	最高达 50%（相较于传统办公大楼）
相关认证	台湾 EEWH 钻石级绿建筑

会议厅底座挑高引入凉风

而这里最具代表性的设计，要属船头位置的半圆形会议厅。你相信吗？处于高温炎热地带的南台湾，这个偌大的空间除了夏季之外，竟然可以不开空调。

原来，建筑团队刻意把会议厅的底座挑高，并打

1

2

3

开多个通风口，让它直接连接外面的大面积生态水池，引入清凉外气，再将导风系统均匀分散在可容纳 200 人的阶梯教室座位底下，利用浮力通风原理，达到会议厅内的气流循环。

而且，会议厅顶层即是二楼的户外阳台，平常是

1 二楼的户外花园，同时也是底下会议厅降温的绿屋顶。

2、3 将会议厅底座挑高打造的通风孔，是营造室内通风效果的关键设计。

4 引入清凉外气替室内降温的碗形会议厅，减少夏季之外的空调耗能。

员工们体验种植乐趣的开心农场，更成了底下会议厅的屋顶花园，进一步降低室内热度。

建筑师潘冀不讳言，要在名气响亮的台达台南厂旁打造新的绿建筑，并非简单的任务。不过落成后，台南厂二期同样获得台湾内部事务主管部门 EEWH 绿建筑的钻石级认证，整栋设计大气，线条优雅，与一期相互媲美，让台达在南科一次拥有两颗比邻而居的“绿钻石”，以及观摩学习的绿建筑地标。

绿建筑微电影，精华现播

03

谱写龟山工业区新页
台达桃园三厂

台湾早期的工业区，不是灰暗色调的简陋铁皮屋，就是高耸林立的烟囱，多半给人“厂区错杂、车流紊乱”的刻板印象。成立近半个世纪的桃园龟山工业区，就是上述这种典型的旧式工业区，还常因地势过低而闹水患。

2009 年台达着手规划桃园三厂暨研发中心时，就决定按照美国 LEED 标章的高标准，力争打造全龟山工业区最节能、舒适的绿建筑。2011 年年底落成时，便创造节能 53%、节水 75%、营建废弃物回收率 95%的显著绩效，次年同时获得台湾内部事务主管部门 EEWH 黄金级与美国 LEED 黄金级的绿建筑标章，成为龟山工业区的绿色焦点。

台达桃园三厂

完工年份	2011 年
设计	吴瑞荣建筑师事务所
基地面积	12231 平方米
楼地板面积	22870.025 平方米
节能效益	最高达 53%（相较传统办公大楼）
相关认证	台湾地区 EEWH 黄金级绿建筑 美国 LEED 黄金级绿建筑

来到这儿，就算行程再赶、再匆忙，人们也常会不经意地放慢脚步，走过外围那些整齐排列的透水砖，进入大厅，可以坐在挑高迎宾区的亮眼橘色沙发上，悠闲地欣赏从大面积落地窗洒入的阳光与绿意。

为加强停车场的自然采光与通风效果，台达桃园三厂直接把停车空间集中，建成一座比邻厂区的停车塔，在大楼二、四、六楼之间，有 3 座空桥连通，方便员工走空桥上下班。

同时，为了鼓励大家多使用环保交通方式，台达桃园三厂提供了脚踏车停放区、共乘车位与电动车专用车位，一旁还有淋浴间，让单车族在上班前摆脱汗流浃背的不快。

1

2

为进一步降低停车场照明使用量，同人还提案，在电梯出口旁设置一个按压钮，能让整个楼层的照明短暂启动 5 分钟，便利夜间下班的员工取车回家，也确保照明系统只在有需求时开启。

搭电梯也能节能

台达桃园三厂的绿色电梯，甚至是可帮助节能减排的法宝！四座客用电梯，四周都是大面积落地窗，可一眼望尽绿意盎然的中庭，电梯行走通道从下到上完全透明，从外可对电梯内部机构及运转状况一目了然。

除了运用自然光节省照明用电，这些电梯还有一套“能源再生系统”，每部都安装电力再生单元，搭配永磁同步马达把回收电力再投入大楼用电，整体节能效率超过 40%，尤其在电梯下行时，负载重量越重，再生的电力越多。久而久之，员工们都养成了默契，就是在下楼时尽量把电梯“塞满”，一起帮厂区赚取更多再生电力。

很多人常以昂贵为由，拒绝装设节能设备，但台达桃园三厂 4 部客梯的电力回收装置，一共只花了 18 万元新台币，按照全厂约 700 名员工的使用量，不到 4 年便可回收成本。事实上，厂区另一部加装能源再生系统的货梯，由于载重量更大，短短两年即可回收成本。

下次来到台达桃园三厂，大可名正言顺地搭电梯，

1 装设能源再生系统的电梯，破除节能非得强迫员工爬楼梯的认识误区。

2 桃园三厂将停车空间集中为一座停车塔，除了大量采光与通风设计，更装设了充电桩鼓励绿色通行。

Application of Delta Products
Building Energy Management System
Cumulative Energy Savings
Return on Investment: 3.7 Years
Return on Investment: 2 Years

1

2

1 桃园三厂展示的智慧控制系统，让人对厂房各区的即时能耗状况一目了然。

2 桃园三厂屋顶涂上白漆反射日照，达到降温的效果。

3 台达资深副总裁暨机电事业群总经理张训海亲自向客户介绍自动化方案的应用与效果。

4 屋顶装设的太阳能光电系统，替台达桃园三厂供应绿色电力。

在短短不到1分钟的时间里，你可以同时帮助节能、理解能源再生系统的运作奥妙，还能近距离欣赏中庭枝叶扶疏的绿色景观，一举三得。更重要的是，通过这样的友善绿建筑设计，证明环保生活绝不是逼自己当苦行僧！

看不见的绿色科技

由于担纲整个集团工业自动化研发重任，桃园三厂还有个特别角色——扮演活生生的节能科技展示中心，向访客们解释何谓“智慧绿建筑”。

一般人参观绿建筑时，多半只看简单易懂的显眼设计，如屋顶上的花园、亮晶晶的太阳能板或独树一帜的建筑构造。不过，桃园三厂却在很多角落里，暗藏了“看不见”的绿色科技，透过一系列智慧软件与

绿 知 识

“能源再生系统”怎么运作？

电梯“能源再生系统”的运作原理是，利用电源再生单元，将电梯在刹车、满载下降、空载上升时，马达转动产生的再生电能，利用变频器整流，并回大楼电力系统，达到节能、省成本、环保的目标。

很多人不知道，通过这种能量回收，还能避免传统电阻将能量消散为热能，反而造成电梯机房过热的现象。

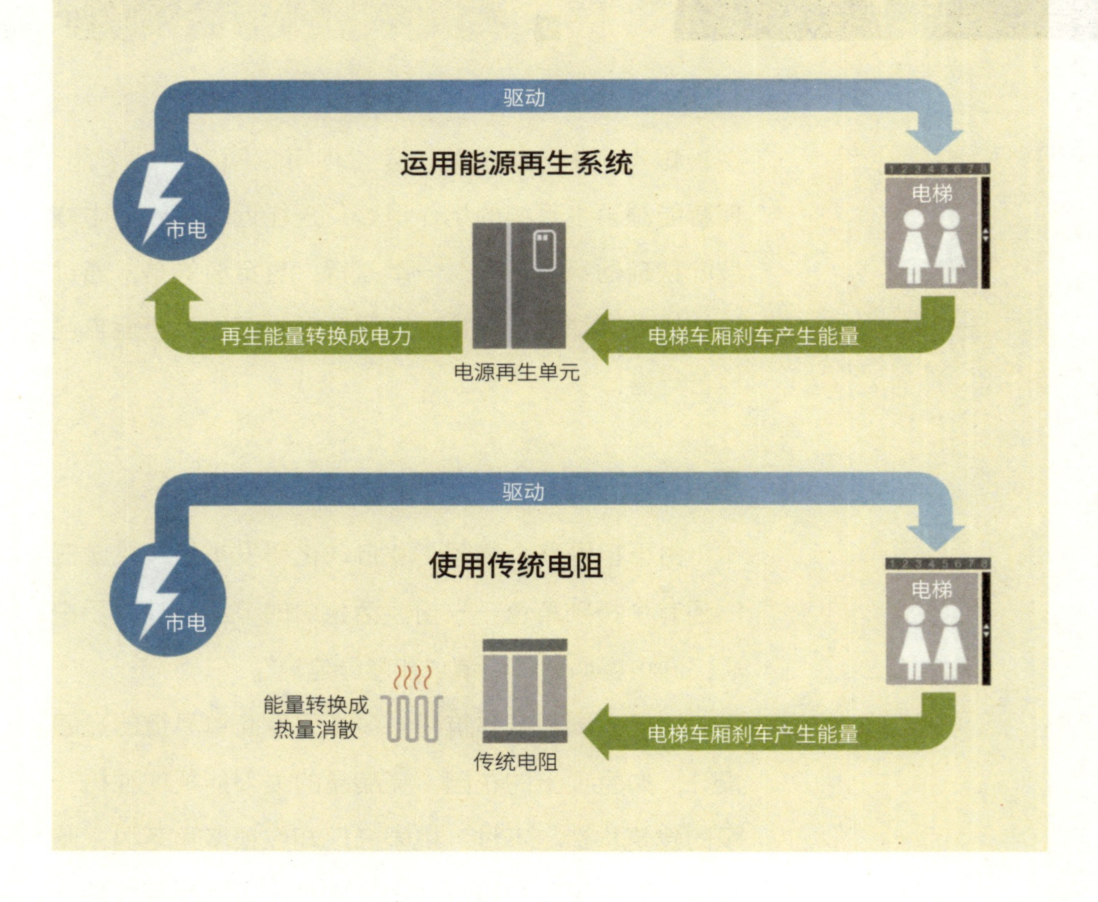

自动化科技，将节水节能的功效发挥到极致。

从LED照明、HVAC空调、节能电梯，到屋顶上的太阳能光电系统、停车场的电动车充电桩，这里看得到的各式节能设备，皆出自台达之手。然而，看不见的智慧管理系统，才是这栋绿建筑的最大卖点。

通过自动化系统，桃园三厂所有耗能资料和实时数据，都完整收集并显示在触控式的人机界面上。一方面通过感测器侦测外在环境，系统分析厂内环境变化与工作动态，进行灯光、空调、制冰、进出风等能源设备的控制，给员工提供最舒适的办公环境。另一方面，还能按照不同的气候与环境条件，将大楼的能源配置调整到最佳状态。比方说，系统会利用夜间的低价低峰电力，进行空调系统的储冰运作，借此省下可观电费。

不只如此，这套系统还能联结远方生产基地的实时资讯，方便管理者无论何时何地，都可实时掌握公司动态。走进台达桃园三厂的展示间，通过中控台马上可一览中国吴江厂生产线，了解插件、喷雾、焊锡、组装、测试等不同制程的实时状况，一旦出现异常，系统便会发出警示，中止不良品流入后续制程。

可别以为这是一套预先录好、做做样子的门面装饰而已。有一次台达资深副总裁暨机电事业群总经理张训海带客户参观，电子荧幕上的吴江厂生产线突然出现警示信号，镜头停在发生状况的区域，此时张训

协助引入新鲜外气的地道通风口（箭头处）。

海马上通过电话连线，让客户现场目睹了一场真人实境的异常情况排除实际操作。这家已经评估半年多的大厂客户，最后决定采用台达的自动化系统解决方案。

“地道风”维持空气品质

看不见的绿色创意，除了高科技打造的智慧软件和整合系统，还有一条看不见的地道设计。

在既没空调也没冰箱的古代，人们就知道利用地底下的低温空气保存食物。桃园三厂就活用了“地窖原理”，在地下室一楼打造一条峰回路转的通风地道，引入外面的新鲜空气，加上利用挑高空间形成“空气浮力塔”，一来通过高效率的空气对流降低空调使用率，二来有助于维持室内空气品质。桃园三厂总务课主任专员林新钦解释，这种设计虽然会减损部分地下室空间，但换来的空调节能与空气品质，绝对划算。

郑崇华说，当时是营建处总经理陈天赐想到利用地道风的方式，让冷气空调的外气进气口可先通过地道预冷，减少空调系统的负荷并提升能效。郑崇华回忆起他小时候在闽北住过的外公家老宅，也有地下通风口从很远就可以把树荫下的凉风引进屋里，与现在绿建筑的概念竟也相通。

桃园三厂不仅是台达表现自家节能科技实力的展示间，更证明了推动节能与发展事业大可齐头并进。其整体建造成本，只稍高于传统同等级建筑，但每年估算节省逾 500 万元新台币电费，每年减少 3 000 吨耗水量。而附加的业务助益与无形的品牌价值更是不可估量。

绿建筑微电影，精华现播

DELTA

04

孕育未来绿色能量
台达桃园五厂

1

2

距台达桃园三厂不到 5 分钟车程，还有另一栋同样隐身于龟山工业区的最新绿建筑——台达桃园五厂，这里也是台达孕育未来绿能科技的摇篮。

2016 年年初揭幕的台达桃园五厂，至今尚未正式对外开放参观，八层楼高的建筑外观，最大特色是有着亮眼橘色系的隔栅式遮阳结构，以及外围的大面积绿地广场，这些植栽不但有助于降低热岛效应，也带来了丰富的生态美感，冲淡了整个厂区的刚硬气息。

延续桃园三厂的设计，这里也提供了许多环保车的专用车位，还有给单车族的淋浴间，降低员工的通勤碳排放量。

台达桃园五厂

完工年份	2015 年
设计	吴瑞荣建筑师事务所
基地面积	24774 平方米
楼地板面积	48185 平方米
节能效益	19%（设计值）
相关认证	台湾 EEWH 黄金级绿建筑 美国 LEED 黄金级绿建筑

预先储电可供调度

桃园五厂负责的任务，是研发 21 世纪锂电池和储能系统，随着近年分散式电力系统逐渐蔚为风潮，衍生出的相关电池需求，极可能成为庞大商机，使桃园五厂的未来发展备受关注。

比方说，门外不远处摆放的两个白色货柜，正是台达生产的货柜型储能设备，可作为电厂的备用能源与调度设施。

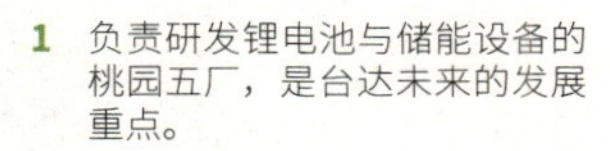

1 负责研发锂电池与储能设备的桃园五厂，是台达未来的发展重点。

2 户外的白色储能货柜可应用于电厂能源调度。

为了给员工提供最舒适的工作环境，桃园五厂采用了调温引气技术，将变频器建置在冷却水塔、冰水主机、外气空调器及办公室空调箱，搭配温湿度感测器，适时适量引入外气，一来维持室内空气品质，二来也无须长时间运转空调，室内还使用低逸散性的环保涂料，并采用气密性二等级以上的隔音窗，希望提供最舒适的工作环境，激发研发同人们的灵感与思路。

走访完位于龟山工业区的两栋台达绿建筑，不难窥见，未来绿建筑的运作智慧与能源管理情境，应该就是这般样貌。

绿建筑微电影，精华现播

以后的绿建筑不但要节能、会发电，还必须聪明地自我管理、调度，达到自给自足。

05

旧大楼变脸重生
总部瑞光大楼

从无到有的全新建案，可完美实践环保节能概念。可是，假如使用已有一段时间的既有厂区，或建成已久的老旧办公大楼，又该如何增添绿意呢？

1999年启用的台达瑞光大楼不但是台达全球总部，更是挑战旧建筑物也能改头换面变身绿建筑的大胆尝试，证明节能减排不是分公司或基层员工才要奉行的原则，在总部上班的老板跟主管们，也要身体力行。

经过一系列改造与调整，瑞光大楼终于在2014年拿到台湾内部事务主管部门EEWH钻石级标章，成为全台第一栋由旧建筑改造的中楼层（6～15）绿建筑！

过去10年，台达集团一直在各地兴建绿建筑，唯独位于内湖科学园区的总公司瑞光大楼，仍旧维持老面貌。直到2013年，才指派节能服务部承担这项艰苦的改造任务。

从台中一中校史馆的改造经验不难得知，想替老建筑换上绿色新衣，甚至比全新打造一栋绿建筑还难，因为旧建筑不仅设备较老旧，而且改造时还不能影响内部人员正常工作。瑞光大楼启动改造工程的前几个月，不时看到工作团队假日加班。

台达总部瑞光大楼

完工年份	1999年
设计	丁建民建筑师事务所
基地面积	5987平方米
楼地板面积	28989平方米
节能效益	最高达58%（相较于传统办公大楼）
相关认证	台湾地区EEWH既有建筑钻石级绿建筑 美国LEED既有建筑白金级绿建筑

重新整合机电系统

过去，瑞光大楼屋顶上的5峰千瓦（kWp）太阳能光电系统，曾是内湖科学园区率先设立的再生能源设施之一，多年来获得许多环保奖章与绩优办公室奖项。

在建物结构无法大幅变动的状况下，这次改造重点在于进一步提升能源使用效率与整合机电系统，通过能源管理系统找出以往忽略的节能空间。

举例来说，过去HVAC（Heating, Ventilation and Air Conditioning）空调系统即占整栋大楼近40%的耗电量，照明系统用电又另外占了18.5%，诊断团队即针对这些耗能重点一一改善，从冷却水泵、冰水泵、水塔风扇到空调箱，都装设了变频控制系统，让设备只在有需要时启动，减少无谓耗能，并融合台达开发的可程式控制器（PLC）与人机界面（HMI），创造出1/4的节能效果。

另外，LED照明系统以照度计测量照度调整灯具数量，配合红外线感应系统、改采分区控制、确实落实关灯要求等，贡献了超过七成的节能绩效。此外，往后各楼层的用电资料都独立呈现，并定期统计各部门用电资料，提醒员工注意能源使用状况。

大厅中央也设计了一座显眼的友善楼梯，导引访客直接前往二楼的会议室及产品展示空间，大量业务拜访与对外交流，都能在此完成，减少频繁的电梯搭乘与等待时间。

台达企业信息部资深协理暨发言人周志宏分析，除了每日员工在此上班，瑞光大楼另一个主要的功能就是接待世界各地来的访客，他们在展示间与大楼里看到各种节能技术的运用，也等于传达了企业文化与

1 适度的天井采光与通风，可减少不必要的照明与空调用电，还可借由烟囱效应排出热气。

2 瑞光大楼二楼展示间里，还有台达运用LED打造的“植物工厂”。

环保理念。在无形中让使用者了解环保概念与节能技术，正是一系列绿建筑发挥的社会教育功能。

随时侦测空气品质

每天，有超过 700 位员工在台达瑞光大楼内努力工作、激发创新，所以，如何让这里维持最佳的环境品质，便是这栋绿建筑当初最重要的考量点之一。

无论台湾地区 EEWH 还是美国 LEED 等绿建筑审核标准，都将“室内空气品质”列入评分。为控制二氧化碳浓度，并减少办公设备及装潢材料散发的有害物质，台达导入空气品质监测器，透过软件运算空气品质侦测结果，传递到空调控制系统，并在适当时机引进户外空气。在员工最常出入的场所，如电梯和大厅，皆有大型荧幕显示最新的空气品质数据，并联结中央气象局网站，告知实时的气候变化。

一举实现绿色机房

除了一般办公单位，瑞光大楼还有资料中心，也是消耗能源的大户。因此，2014 年通过 EEWH 绿建筑认证后，台达又订下一个新目标，要把资料中心改造成 Eco-Friendly（生态友善）的“绿色机房”，希望把能源使用效率（PUE）降到 1.43！

可是，时下一般资料中心的 PUE 值，都在 2 左右，接近 1.6 就算高效节能，台达却要一口气挑战

1 瑞光大楼屋顶的太阳能光电系统，曾是内湖科学园区第一套再生能源系统。

2 友善楼梯可引导访客直接进入会议室，减少许多电梯耗能。

3 资料中心与大型机房的节能表现，未来势必遭遇更严格的检验及要求。图为台达绿色机房实景。

3

绿 知 识

机房节能 PUE 值如何分级？

进入云计算时代，当你每次低头滑一下手机，远在千里之外、摆满服务器的电脑机房，就忙个不停。

依据美国能源部估算，资料中心的能耗情况，足足是相同面积办公室的百倍以上！如何提升资料机房的能源使用效率，降低云端时代带来的耗能副作用？成为备受关注的议题。

评估资料中心与大型机房能源使用效率的指标为“PUE”（Power Usage Effectiveness），PUE 值越接近 1，代表机房所需的照明、空调、风扇、冷却等周边电力越少，能源使用效率越佳。

为了替过热的电脑降温，空调系统即占资料中心近 45％的耗电量，因此打造“绿色机房”的关键，即在于如何有效散热与空调节能。

目前国际普遍采用的 PUE 评判标准，来自 Green Grid 协会的分级系统。时下一般资料中心的平均值约为 2，刚成立的“NEC 神户资料中心”，有日本最顶级表现的 1.18，欧美大厂最佳水准则有 1.15。

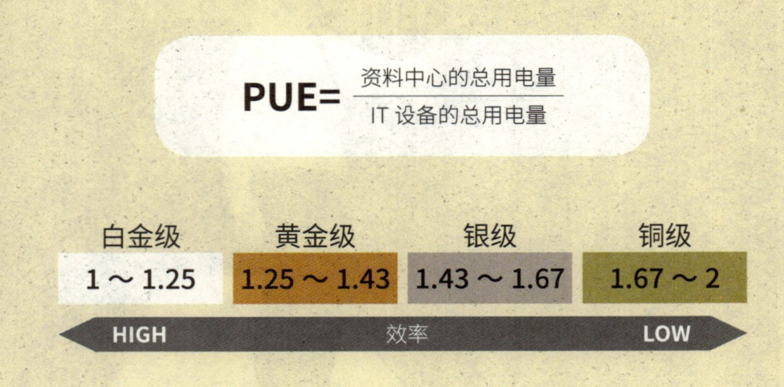

1.43（接近 Green Grid 协会的“黄金级”机房节能标准），任务可谓艰巨。

对此，台达节能团队整合自然冷却（free cooling）、变风量（VAV）、变流量（VWV）等不同冷却技术，让资料中心的空调系统与办公区的空调整合，适当分配整栋大楼的用电尖峰负荷量。除此，台达关键基础架构事业部也导入 InfraSuite 资料中心解决方案，强化资料中心冷热通道控制，协助机房温度能随时维持在最佳状态。

经过一番努力，瑞光大楼资料中心终于逐渐达到 1.43 的目标，在某些气候条件下，自然冷却还可取代部分中央空调的负荷，使 PUE 值低于 1.43。今后，台达打算将这个经验复制到全球其他地方的机房。

不久前，瑞光大楼又成功获得美国 LEED 绿建筑认证最高等级的白金级标章。这栋已缔造台湾地区既有建筑里程碑的绿建筑，将在节能之道上持续精进。

绿建筑微电影，精华现播

06

播撒绿色种子
台达上海运营中心

DELTA 台达

多年来努力在台湾推广绿建筑的台达，一直思考如何跨越海峡，将这把绿色种子撒向对岸。

2013年获得美国LEED新建建筑黄金级认证、2017年获得美国LEED既有建筑白金级（最高级）的台达上海运营中心暨研发大楼，即是台达在中国大陆打造智慧绿建筑的桥头堡。

兴建过程中，上海运营中心暨研发大楼便大量运用绿建筑工法，如结合基地保水设计及生物多样化概念，在周遭打造许多绿色植栽及生态栖息地，室内则采用多种台达自行开发的节能产品，如LED照明、太阳能光电系统、节能电梯、智慧空调等。

为了鼓励员工采用环保交通方式，这里还替新能源汽车及小排量汽车配备优先停车位，并安装11套电动车充电桩，提供能源转换效率高达99.7%的交流充电桩：一台13度（kWh）容量的电动车，约3小时就可充满。

位于三楼、面积达180平方米的资料中心，也是这栋绿建筑的一大亮点。不仅符合TiA 942国际机房建设标准，并融合水冷、风冷、板式热交换机等三大散热系统并存的设计，可根据季节与环境变化选择不同散热方式，兼顾机房运作的可靠性与节能绩效。2015年平均PUE值低到只有1.40，不但明显优于当地同业的平均PUE值（约为3），甚至符合Green Grid的黄金级绿色机房标准。

台达上海运营中心暨研发大楼

完工年份	2011年
设计	中机中电设计研究院
基地面积	26776平方米
楼地板面积	54218.87平方米
节能效益	最高达39%（相较于上海民用大型公共建筑）
相关认证	美国LEED新建建筑黄金级 美国LEED既有建筑白金级（最高级）

DELTA

智能管理
办公室、会议室节
DI
DO
RS-232
RS-485
可编程控制器

1 上海运营中心设有台达自产的充电桩，鼓励员工搭乘节能车款。

2 厂区所有能源设备的使用状况，都在能源管理系统上一览无遗。

3 刚拿下美国 LEED 银级标章的台达北京办公大楼，是台达在中国大陆第二个绿办公区。

不仅如此，这栋绿建筑还搭载最先进的能源管理系统，实时收集并监控各种能源使用状况，如引进 Delta BEMS（建筑能源管理系统），设置电表、水表等计量系统，帮助厂务提高能源使用效率，减少浪费；再通过台达智慧管理系统，监测办公区及实验区的温湿度及二氧化碳浓度，让工作环境有最佳的舒适度。

有了上海运营中心暨研发大楼扮演先锋角色，不久前，坐落在北京城中轴线核心位置的台达北京办公大楼，也以节能 22%的优异成绩，获得了美国 LEED 绿建筑认证的银级标章，成为台达在中国大陆的第二个绿办公区。

事实上，为促进生态文明及实现国际减排承诺，中国大陆近年不断加大环保事业投入，不但 2015 年在巴黎举办的联合国气候高峰会（COP21），提出 2030 年碳排放密集度要比 2005 年下降 60%～65%的减排承诺，更把绿建筑纳入《国家新型城镇化规划（2014—2020）》内容，从政策提倡、法规要求，到评判体系等环节一一着力，计划让绿建筑占所有新盖建筑的比重，从 2012 年的 2%，大举攀升至 2020 年的 50%！

在这股带动中国大陆节能减排的绿色风潮里，台达显然已经靠着绿建筑占有了一席之地。

绿建筑微电影，精华现播

07

南亚试金石
印度楼陀罗布尔厂

台达的绿建筑足迹逐渐跨出海峡两岸范畴，2008年启用、3年后获得LEED-INDIA黄金级绿建筑标章的印度楼陀罗布尔厂，即是台达在南亚地区的绿建筑试金石。

位于印度北部乌塔拉坎德邦的楼陀罗布尔市，东边紧邻着尼泊尔，年均气温大约24℃，却有超过1300mm的充沛雨量，跟台湾地区一样是又湿又热的气候。

这里有座白色外墙、宽敞而方正的建筑，就是当地最常被提起的环保厂房——台达印度楼陀罗布尔厂。

营运8年来，厂内的电源、视讯、汽车电子、工业自动化等生产线，随着印度经济起飞，每日马不停蹄地全速运转。

难能可贵的是，当产能持续成长，楼陀罗布尔厂却持续刷新节能纪录，在2011年获得LEED印度分支颁发的黄金级绿建筑标章，是该机构在印度颁发的第三张认证。根据2013年的统计资料，楼陀罗布尔厂比当地商业大楼节能超过七成，台达是如何缔造惊人的节能绩效的呢？

台达印度楼陀罗布尔厂

完工年份	2008年
设计	Sijcon Consultants Pvt. Ltd
基地面积	37016平方米
楼地板面积	2万平方米
节能效益	最高达76%（相较于印度商业大楼）
相关认证	印度LEED-INDIA黄金级绿建筑

大面积绿化带搭配绿能科技

首先，是在厂区周围打造绿化带。占地超过3万平方米的楼陀罗布尔厂，2008年的开幕仪式上，就特别安排了神圣的传统种树仪式，邀请多位贵宾在大太

Planted
By
Mr. Bruce Cheng
On 10. 05. 2011

阳底下卷起衣袖，拿起铲子翻土、播种、浇水，种下绿色种子。如今，厂区高达六成面积，都是绿意盎然的开放式绿地与庭园造景，这成为建筑降温的关键。

1 在厂区地势最低的地方，以透水性极佳的卵石铺设雨水收集池，下雨时可贮留过多的雨水，同时也能涵养地下水源。

2 台达创办人郑崇华在厂房落成时参与植树典礼。

3 厂区屋顶更大量设置加强空气对流的通风孔，帮助大幅度节能，也构成别样风景。

此外，这里也采用了许多有助于提升能源效率的绿能科技，诸如可利用自然光的照明系统、通过通风设备减少空调用电、以精密控制技术提升电力功率、使用最新的环保隔热建材与 R407 环保冷媒等。

至于当地员工认为楼陀罗布尔厂最抢眼的特色，则是以大面积太阳能光电系统铺设的建筑外墙，不但可反射多变的天色美景，更让人从远方就可一眼认出楼陀罗布尔厂。

为适应当地夏季多雨的气候特色，楼陀罗布尔厂设有雨水回收再利用系统，并建立真空除菌的污水处理设备，善用每一滴水资源。

绿建筑微电影，精华现播

08

融入南亚文化美学
印度古尔冈厂

距离印度首都新德里只有30公里的古尔冈市，由于地利之便，吸引了不少企业选在此设立印度市场的运筹中心，台达也是其中之一，更在2011年打造出一栋融合印度文化美学的绿建筑。

这座工厂面积达1万平方米，外观是象牙白的清爽墙面，四层楼高的建筑方正大气，顶楼有座与企业识别logo融为一体的尖塔，巧妙融入了印度当地风情与文化特色，让这座获得LEED-INDIA白金级认证的绿建筑，更拉近了和当地员工的距离，获得更多认同感。

台达印度古尔冈厂

完工年份	2011年
设计	Sijcon Consultants Pvt. Ltd. Spectral Service Consultants Pvt. Ltd.
基地面积	6060平方米
楼地板面积	1万平方米
节能效益	最高达63%（相较于印度商业大楼）
相关认证	印度LEED-INDIA白金级绿建筑

什么是印度风的绿建筑？站在一楼的透天中庭，马上就能一目了然。

建筑顶层的圆形采光罩，融入了洋溢异国风情的网格状窗格，一方面呼应印度传统艺术的纹路美感，另一方面引进大量自然光，让人在这个开放式空间里，享有通透的视野与清新的空气。

中庭地板呈现印度风情画

中庭正中央更别出心裁地以玻璃材质的3D立体画，取代一般楼板材质。从高处往下看，这片特殊的绿色地板是幅精美的印度风情画。而从各楼层向下延伸的回旋阶梯，尽头有大片栩栩如生的绿地。

许多当地员工都肯定地表示，由绿意、阳光、空气和艺术交织的中庭开放空间，是激发研发灵感与交流创意的最佳场所。

1

2

3

1 古尔冈厂屋顶的圆形采光罩，配合室内的旋转楼梯及中庭风情画，十足地反映了印度特有的设计美感。

2 为提高水资源使用效率，台达特地装设厌氧处理设备，让回收水可用于冲厕及浇灌等。

3 由于当地水资源珍贵，厂区周围绿化带皆采用低耗水的抗旱植栽。

为适应印度炎热且多雨的气候，这座工厂采用许多绿能科技，从高隔热的屋顶结构、绝缘 AAC 砖墙、55 峰千瓦（kWp）的屋顶太阳能光电系统、LED 照明、高效率 HVAC 空调到雨水回收系统，更大量采用当地建材。此外，以双层隔热 Low-E 玻璃布建的外墙立面，让这栋绿建筑相较于印度商业大楼，节能效益超过 60%。

有鉴于水资源在当地格外珍贵，古尔冈厂特别装设了厌氧污水处理设备，将回收水用于非人体接触使用，如马桶冲洗与植栽浇灌，并以雨水集水坑与植草砖，提供地表水的补充，厂区绿化也选择低耗水性的抗旱植栽。

自 2003 年进入印度市场以来，台达集团已在当地成功打造了两栋绿建筑，对印度这个急速成长的发展中大国来说，意义格外重大。能源基础建设不足的印度，目前仍有 3 亿人生活在没有电力的困顿环境下，而印度政府此刻正大幅增加低碳能源的投资，以避免重蹈发达国家“先污染、后治理”的经济成长轨迹。

也因此，台达的两座绿建筑厂房，不但能帮企业省下可观的能源成本，建立环保友善的良好形象，更肩负起宣传节能减排观念的责任，帮助印度能坚定地走出属于自己的低碳经济模式。

绿建筑微电影，精华现播

DELTA

09

地热调节温度
台达美洲区总部大楼

台达的绿色厂办，近年来也跨越浩瀚无边的太平洋，矗立于象征全球创新中心的美国硅谷一带。

位于费利蒙大道（Fremont Boulevard）上，有一座三层楼的洁净白色建筑，正沐浴在世人称羡的加州阳光下，这里是台达集团最新落成的绿建筑——台达美洲区总部大楼。

自从2015年10月启用以来，短短不到一年，台达美洲区总部吸引了来自各地的参访人潮，从官员、媒体到企业界都有，因为它不但是费利蒙市的绿色新地标，更是当地首座预期实现“净零耗能”（Net-zero）愿景的建筑。

台达美洲区总部大楼

完工年份	2015年
设计	潘冀联合建筑师事务所
基地面积	62726平方米
楼地板面积	约16648平方米
节能效益	空调节能60%，预期达成建筑物净零耗能
相关认证	符合美国LEED白金级绿建筑规范

占地15.5英亩（约62726平方米）的台达美洲总部，出自建筑师潘冀之手，一开始便以LEED的白金级绿建筑为标准，朝着净零耗能的目标而打造。从外观上看，白色与灰色为基调的外观和方正格局，让整栋建筑显得沉稳而大气，并在外围宽阔的户外空间，栽种了许多耐旱植物，用绿色增添活泼气息。

回收雨水即可浇灌园区

气候干燥、少雨的加州，这几年正面临史上罕见的干旱与水荒，因此合理善用水资源，是美洲区新总部大楼的设计初衷之一。

对此，这栋总部大楼打造完整的雨水回收系统（rain harvesting），汇流至地下容量达14万加仑（约63.6万升）的巨大储水槽，满水位时足够浇灌园区植被两个月。

除了回应水资源议题，这栋绿建筑更活用当地特有的天然资源。多数人一说到加州，马上会想起金黄色的“加州阳光”。走上台达美洲总部的屋顶，一眼望去，被太阳能板覆盖的屋顶在阳光下闪闪发亮，这套太阳能光电系统的总装置容量高达 616 峰千瓦（kWp），每年可贡献超过 100 万度的绿色电力，相当于提供当地近百户住家一整年的用电量，把温暖的阳光化为能量。

另外，大面积的落地窗和活动式天窗，一方面替台达美洲总部打造辽阔的视野和自然照明，让室内和室外空间交融为一体；二来也通过隔热建材、节能玻璃和通风设计，巧妙地抵挡阳光的炙热感。

更重要的是，运用独特的“地源热泵”（ground source heat pump）系统，把地表浅层的恒温（约 21℃）特性应用到空调系统，以大幅节省空调用电，成为台达全球 21 栋绿建筑中，至今唯一成功使用地热资源的。

地底管线维持冬暖夏凉

地源热泵系统如何运作呢？它联结了位于地下 15—30 英尺的管线，以及隐藏在各楼层地板与天花板下的“双向辐射加热冷却系统”（bi-directional radiant heating and cooling），经由管内循环的

1 合计长达 92 英里的热交换管线，是帮助台达美洲总部兼顾节能表现与适宜室温的隐形功臣。

2 善用头上的“加州阳光”，台达美洲总部屋顶设有大面积的太阳能光电系统。

3 开电动车上下班的台达美洲区总裁黄铭孝，每天身体力行绿色通勤的理念。

MODEL
ACCESS OK
CLEAN AIR VEHICLE

绿 知 识

地源热泵的换热原理

“地源热泵”概念最早在 1912 年即有瑞士专家提出，利用地球浅层资源（包括土壤、地下水、地表水或城市中水），既可供暖又可制冷的节能特性。通过铺设在土壤或地表水的管道，实现建筑物和地表的换热，达到理想的空调效果。

至于“双向辐射加热冷却系统”原理，则是通过室内冷却或加热的辐射装置，安装在地板和天花板管道里，一般会以水作为介质，通过辐射和对流方式，均匀地分配室内冷量或热量，提高舒适度，进而减少空调用电。

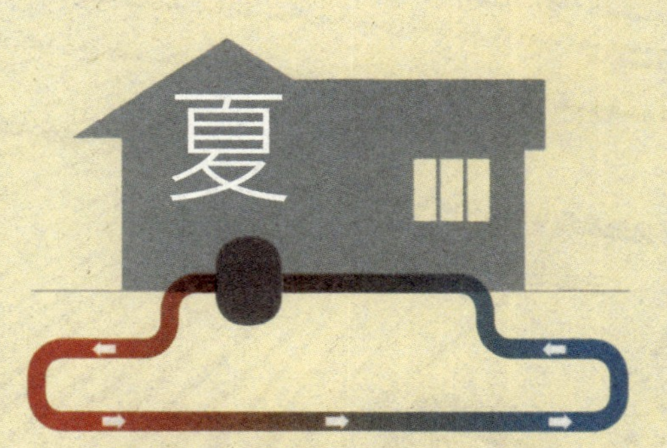

夏季时，通过地源热泵系统，将室内热能（红色）导入地下，降温后，再将凉水（蓝色）送回建筑物。

冬季时，则反之，将凉水（蓝色）导入地下，从地层吸热后，再将热能（红色）送回建筑，保持室内舒适温度。

12000 加仑水频繁流动，达到加热或冷却的调节效果。冬季天冷时，地底管线便向大楼传送来自地下的热能；而天热的夏季，则可把室内热能导入地下，让室内随时维持理想温度。

说来容易，做起来可不简单。事实上，这套负责热交换的管线非常绵密、复杂，合计全长竟有 92 英里

（约 147 公里）。

潘冀建筑师回想，当初通过一番脑力激荡与实地实验，才好不容易找到最佳解决方案，如果把所有管线摊开、交叠排列，足可铺满 5 座足球场。

一般商办大楼的空调设备，通常占整体六成用电量，但通过地源热泵系统，美洲新总部不但省下六成空调用电量，还同时使办公空间维持冬暖夏凉的舒适感，有助于提高工作效率，一举数得。“这座新大楼充满新鲜、流通的空气与自然采光，为大家提供健康的工作环境！”台达美洲区总裁黄铭孝笑着说。

绿建筑微电影，精华现播

Chapter 3

不一样的绿校园

从自家厂房和办公室累积一定的绿建筑设计经验后，2008 年起，台达开始把推广触角伸向校园，至今捐赠了许多教学型的绿建筑，希望年轻学子从小就体验到绿建筑的好处，培养友善环境思维。

事实上，到学校盖绿建筑，并没有外界想象那般容易。因为这些建筑不但要有节能减排的设计手法，更得符合校方教学上的需求，过程中还得打通不少行政环节与沟通程序，才能达到预期效果。

不管是小学、中学还是大学，台达绿校园的踪迹遍及两岸各地。四川省绵阳市杨家镇台达阳光小学、四川省雅安市芦山县龙门乡台达阳光初级中学、高雄市那玛夏民权小学、成功大学孙运璿绿建筑研究大楼、成功大学南科研发中心（又称“台达大楼”）、台湾清华大学台达馆、台湾“中央”大学国鼎光电大楼等一栋栋绿能减排的校园……这些都是台达致力于环境与教育始终如一的坚持。

那么这些绿色校园，与一般校园又有何不同？

01

“蜀光”下重生
四川省绵阳市杨家镇台达阳光小学

故事的源头，来自一场灾难。

对中国来说，2008 年是很值得纪念的一年。那年，中国首次举办奥运，“北京奥运”规模空前，让各国见证了中国惊人的经济实力，还有重返世界中心的能力。

不过，同年 5 月 12 日发生的汶川地震，破坏程度之巨，带来伤痛之深，更是令世人震惊。

位于中国西南部的四川盆地，群山拱卫、土地丰饶，自古就有“天府之国”的美誉。这一带不但有雄奇险秀的自然风光，也孕育了悠长久远、璀璨绚丽的巴蜀文明。长期以来，当地人们感谢着自然的恩赐，享受着闲适、富足的生活。

可是，这场举世震惊的大地震，却是中国自 1976 年唐山大地震以来，伤亡最惨重的一次，不但夺走几万条生命，更使数十万人赖以生存的家园惨遭摧毁。

距离震中超过 200 公里的四川省绵阳市，当时有座杨家镇小学也遭受地震劫难，原先的校舍受损严重，数百名儿童的学习面临困境。当地一名家长回想：“当时我们的心里非常着急、恐慌。孩子们到板房（临时教室）学习，老师在里面讲课，非常闷热，学生也学得不是很好。”

失去了校舍，不仅干扰学生学习，连老师也过得很苦。时任杨家镇小学校长的杨波表示，由于没有住宿楼，一些离学校比较远的学生，每天上学要很早起

杨家镇台达阳光小学

完工年份	2011 年
设计	山东建筑大学团队 中国建筑设计研究院国家住宅工程中心（简称国家住宅工程中心）总建筑师曾雁
空间量体	占地面积 27400 平方米，建筑面积 6570 平方米
师生数	800 多人
节能效益	室内温度可降低 1 ℃～ 3 ℃，相对湿度可降低 10% ～ 30%，室内光照度可提高 70 ～ 200lx
相关认证	2009 年台达杯国际太阳能建筑设计竞赛一等奖

杨家镇台达阳光小学
罗汉寺路
11

床，走 1 个多小时才能到校。教职员办公条件也很艰苦，几十个老师得挤在两间狭小的教室里办公。

灾害发生后的重建需求千头万绪，经过考量，台达集团希望把环保理念融入重建过程，因此决定捐赠 1000 万元人民币，帮助杨家镇小学师生们重新打造安全、舒适的校园环境，同时发挥绿建筑专长，把低碳、环保、节能的绿色理念，运用到新校舍的建设过程。

1、2 获得 2009 年台达杯国际太阳能建筑设计竞赛一等奖的“蜀光”设计图。

为四川灾区带来曙光

2009 年，由台达冠名赞助的“台达杯国际太阳能建筑设计竞赛”，便向全球募集以重建杨家镇小学为主题的可行方案。

最终，从海内外 194 件参赛作品中，山东建筑大学刘慧等人创作的作品“蜀光”被评为一等奖。再经中国建筑设计研究院进一步完善施工设计图，作为新校园的执行方案。内容包括教学行政楼、宿舍、食堂、运动场和生态池，营造一座可容纳 800 人的学习空间，同时满足 300 名师生的住宿需求。

2011 年 4 月，以绿建筑面貌重现的“杨家镇台达阳光小学”正式启用，孩子们终于进入了期盼已久的新校园。满怀好奇心与兴奋感的孩子们，往后可在充满生态环保意识的绿色校园中，实际体验绿建筑的舒适与环保功能。

值得一提的是，杨家镇台达阳光小学是四川地震

1

2

灾区重建的第一所绿色校园，因此在 4 月 22 日世界地球日举行的学校落成典礼上，包括台达集团创办人郑崇华、中国可再生能源学会理事长石定寰、中国勘察设计协会理事长王素卿、国家住宅工程中心主任仲继寿、四川省绵阳市市长曾万明等人，都亲自到场恭贺。

时至今日，杨家镇台达阳光小学俨然成为当地推广环保教育的示范场域，不断吸引众多媒体和业界专家前往参观。

提高抗震强度　顺应环境与地势

为符合灾后重建需求，建筑的抗震强度无疑是最重要的考量。

对此，杨家镇台达阳光小学的抗震规划，一次提高到 7.5 级，主体建筑采用单廊平面布局，只设计为

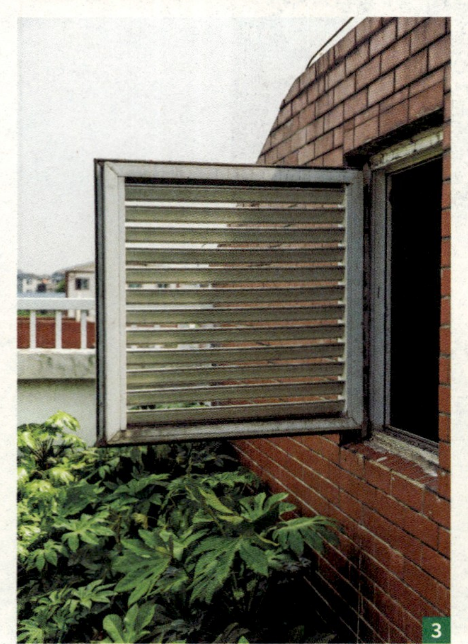

三层楼，却按照高楼层建筑的标准进行打桩工程和地基处理，运用四川省建筑防震要求的构造工艺，增强对不同方向震动的抗震性。

绿建筑的设计概念讲究因地制宜。规划之初，设计团队就充分考虑了绵阳地区夏季闷热、冬季潮湿的气候特点。在校内加上许多“被动式”的节能设计，希望达到夏季方便通风、遮阳，冬季提升保温、隔潮的效果，降低后续使用的能源消耗与维护成本。

来到深褐与灰白色系相间的这所小学，建筑团队利用基地位置的南北高低差及道路与校舍地势落差，在整座学校创造出3个台地，增加空间变化与层次感。

负责设计的国家住宅工程中心总建筑师曾雁解释，设计团队为配合当地的地形变化，增加空间趣味性，再把教学区一组建筑移到西南角，让处于中心的院落区域更开阔，增加学生的活动空间。

设置天窗架高地面　教室舒适度大增

1　杨家镇台达阳光小学屋顶设有太阳能热水系统。

2　重建后的学生宿舍，采光相当明亮。

3、4　运用“被动式”的天窗与通气孔设计，减少当地气候带来的闷热与潮湿感。

为提升屋内通风效果，庭院北部架空，并在建筑顶层设置北向天窗，改善夏天顶楼闷热的现象。

教室、办公和宿舍等主要建筑，还在屋顶加入缓冲层，外墙也采复合墙体，加强隔热和保温作用。

为增加防潮效果，建筑底层还使用了架空设计，利用流通的空气带走湿气，经过实测，室内温度可因此降低1℃～3℃，相对湿度也可降低10%～30%，大大增加了环境舒适度。

除此之外，教室与地下室皆大量使用自然采光。举例来说，教室上的天窗，能把室内光照度提高到70～200 lx（每单位面积吸收可见光的光通量），有效节约照明用电。

另外，校内的食堂、浴室，都采用太阳能集热器和太阳能开水系统，为住宿生和教师提供生活用水，

并以生态污水处理技术净化生活污水，经过一系列过滤程序和生态池处理，可重新应用于绿化灌溉用水。

经历无情天灾而重生的绿色校园，正是给下一代最好的环保教材。

在该校任教的陆军老师看来，以前在板房上课时，里头非常闷热，上完一堂课全身都湿透了，“现在学校采用了节能环保的设计，办公室里非常凉爽！”

学生王博更表示，“以前下雨了，地上非常泥泞，我们只好踩在泥土上，有时会把身上弄脏。但是现在大家可以看见，基本上没有什么泥路，不会弄脏身上的任何部分。”

绿建筑微电影，精华现播

热血校长监工 天天到场追踪

再好的建筑蓝图与设计想法，都得依赖当地施工团队的落实才能成真。

在杨家镇台达阳光小学将近两年的建造过程中，时任该校校长的杨波，亲自在当地监督工程品质，才使台达在中国大陆与教育领域的绿建筑尝试，踏出成功的第一步。

尽管校方和绵阳市政府都认同绿建筑理念，可是承接建设项目的当地施工团队，过去并没有参与绿建筑的实际经验。有鉴于此，台达除委托国家住宅工程中心派出总建筑师曾雁协助，还委请过去曾合作过的台湾建筑师杨禧祥，前往四川与施工人员逐一对设计图的技术进行交流。

沟通过程中，曾雁一度担心施工团队无法正确做出天窗、架空层、遮阳板等“被动式”节能设计，杨禧祥建筑师灵机一动，建议先试做小样，确定小样做对了，真正施工就不会有太大问题。

除了专业人士的事前协助，现场不少施工细节的掌握和督促，其实是由杨波反复以电话询问及照片对照，亲自要求施工人员“按图施工”。

一次，杨校长发现贴瓷砖的方式不对，好声好气地告诉工人要注意，之后又发现同样问题，他便向工人借了一把榔头，把有问题的贴砖敲掉，要求重做，几乎把学校当成自己家在要求！

漫长的重建过程中，热心的杨校长几乎天天到场追踪进度，可以说是幕后功臣。或因为如此，新校园尚未竣工验收前，他因表现备受肯定，被调往涪城区重点学校担任校长。

“我们学校是沐浴着各界爱心人士的关心、关怀和支持，逐步建立起来的。希望通过我们的努力，让学校洋溢着爱的气息，让学生在这样的环境中学习，变成有爱心的人。”杨波感激地说。

龍門鄉台達陽光初級中學
为中华之
崛起而读书

02

传承希望

四川省雅安市芦山县龙门乡台达阳光初级中学

大自然突如其来的灾难，总让人措手不及。

就在人们逐渐从汶川地震的伤痛中恢复之时，2013 年 4 月 20 日又发生了芦山地震，再次给巴蜀大地带来沉重打击。

台达在芦山地震后快速反应，宣布延续打造绿建筑的援助计划，再次捐款 1000 万元人民币，援建位于四川省雅安市芦山县的龙门乡台达阳光初级中学，是继汶川地震后捐建杨家镇台达阳光小学后，台达在四川打造的第二所绿色校园。

传承阳光小学的经验，台达阳光初级中学同样采用 2009 年台达杯国际太阳能建筑设计竞赛一等奖“蜀光”的设计概念，并按照当地气候条件略作修正，使绿建筑经验可快速复制于灾后重建，大为缩短磨合过程。

在当地政府与各界人士援助下，2014 年年底奠基的龙门乡台达阳光初级中学，2015 年 10 月便顺利完工启用，目前有近 300 名师生。

延续绵阳经验，龙门乡台达阳光初级中学同样以抗震等级 7.5 级的高标准打造，更根据校址条件，实现夏季以通风、隔热、遮阳、隔潮为主，冬季以保温、避风为主的“被动式”设计，有效减少能源使用，并提升教学环境舒适度。

当地气候特点是：夏季闷热、冬季阴冷，因此龙门乡台达阳光初级中学通过架空地面，天窗采光、遮

龙门乡
台达阳光初级中学

完工年份	2015 年
设计	中国建筑设计研究院国家住宅工程中心（简称国家住宅工程中心）总建筑师曾雁
空间量体	占地面积 14007 平方米，建筑面积 4680 平方米
师生数	300 人
节能效益	夏季室内均温下降 1°C～2°C，空气相对湿度降低 23.5%，室内光照度平均提高 92lx

阳调光等技术，强化整体通风效果。

经实地测算，跟未采用这些技术的同类型教室相比，阳光初级中学可在夏季达到室内均温下降 1℃～

2℃，一楼空气相对湿度降低23.5%的理想程度。天窗也能帮助顶层教室光照度提高92 lx，这对每年日照时数还不到1000小时的当地来说，相当于每天减少近三成的照明用电量。

采用透水砖吸收雨水

保护水资源方面，室外场地除了运动场，皆采用透水砖或透水混凝土，每年可吸收约2400吨雨水，经场地渗入地下层，帮助涵养周遭地下水环境。

负责规划的国家住宅工程中心太阳能建筑技术研究所副所长鞠晓磊分析，该校是总结绵阳经验得出的翻新设计，因为两者都在四川省境内，地理位置与气候特点相近，同样可沿用杨家镇台达阳光小学的采光天窗、地板架空、双层屋面等“被动式”节能技术，“同时它对于室内的节能、室内的舒适性，都有很大的帮助。”

1 有了杨家镇台达阳光小学的前例，台达在四川打造第二所绿色校园时更为顺畅。

2 校内大量铺设透水砖，雨水渗透涵养周围地下水层。

3 龙门乡台达阳光初级中学同样延续底层通风的“被动式”设计手法。

有所调整的地方，在于遮阳采光板。杨家镇台达阳光小学采用的宽度是250毫米，但在龙门乡实地勘测后，发现不够宽，建筑团队便将校内的南向外窗采光板长度增加到300毫米，确保拥有遮阳及反光的效果。

5年间，从绵阳到雅安，台达集团在四川接连投入援建两所灾后重建的绿校园，这不但是企业奉献爱心，也是绿建筑理念的延续。

顶层天窗的设计巧思，对室内节能与舒适性有极大的帮助。

对当地学子来说，绿校园不但是平日的学习场所，更是帮助他们见证节能减排技术，感受自然之美及时节变化的绿色场域，进而培养敬畏自然的谦卑态度。

绿建筑微电影，精华现播

中国建筑设计研究院国家住宅工程中心主任　仲继寿：

建筑原理古今皆然 即是“顺应自然”

中国 5000 年的文化很深厚，尤其建筑文化上，老百姓盖房子的目的是跟自然界抗争，找到栖息场所、不受风雨侵扰。

他们知道，居住环境是需要维持的，至于用什么方式维持，造成了今天现代建筑和传统建筑的差异。

像古人过去做的瓦屋面，仔细看，构造非常复杂，它有底下的受力层、有中间的通风层、有上面的防水层，还能利用瓦的表面，自然排水。

传统建筑是用自然的方式，现在白话叫“被动式”，因为那时没那么多能源、没有电，也没有空调或采暖设施，老百姓想到了对阳光的利用，就是通过开窗户、做阳光房（过去叫寝院）等方式，把阳光充分利用，比如照亮屋里，或加热室内空气；甚至在门前做水塘，在屋顶做水池或种树，帮助屋子隔热。同样地，开窗可以实现自然通风，或在窗外加一层帘子，就能把风挡住。

今天的建筑技术非常发达，但原理还是一样，就是怎么利用大自然（阳光与风）的好处，并且规避它的坏处，理念没变，只是手法更先进了。虽然我们现在有空调、有采暖设施、有除湿机，甚至还有空气净化器，但它们都需要耗能。

不过，现在有一个不好的倾向，就是人们把“舒适”和“健康”等同了。我认为健康有两个层面，一个是生理的，一个是心理的，当人

们离开自然越来越远的时候，心理的健康问题会越来越大。

所以，我们在传达绿色或低碳理念时，不只是传达传统理念或营造技术，还要传达人对自然的敬畏。也就是说，如何能够减少对自然的予取予求，排放更少的碳与污染！

绿建筑的核心理念应该是，无论现代技术多先进，传统理念仍有它生存的土壤，不能被忘怀，如何把这两种形式结合，应该是未来绿建筑要宣导的关键。

03

受灾不离村
高雄市那玛夏民权小学

2009年重创台湾南部的“莫拉克风灾”，至今仍让许多台湾人记忆犹新。

从8月6日到8月8日的短短48小时，莫拉克降下近3000毫米的惊人雨量，在多地引发泥石流，夺走600多人的生命。那时，很多人才深刻感受到，原来“气候难民”（climate refugee）这个名词，离我们并不遥远。

位于高雄县（后并入高雄市）北端的那玛夏乡，便是当时灾情最严重的区域之一，原本位于河床边的民权小学旧校舍，更被掩埋在泥石流下。

经过无情灾变，台达决定援助那玛夏民权小学，邀请2006年成功打造台北图书馆北投分馆的郭英钊建筑师，希望融合原台湾少数民族的文化智慧和节能科技，让新校舍成为可兼顾学习和避难的环境友善空间，满足村民们“受灾不离村、离村不离乡”的愿望。

经过近两年努力，重生后的小学在2011年年底正式启用，还给当地孩子一个安全又舒适的学习环境，堪称台湾最具特色、参访人流最多的低碳校园之一。台达基金会2014年在秘鲁气候会议（COP20）所主持的周边会议，以及2015年巴黎气候会议（COP21）期间在巴黎大皇宫举办的绿建筑展览，都以那玛夏民权小学作为主要讲题与展示焦点，也吸引了国际的关注。

木造图书馆就地取材

来到海拔800米的那玛夏民权小学，最抢眼的就

高雄那玛夏民权小学

完工年份	2011 年	**基地面积**	30207 平方米
设计	九典联合建筑师事务所	**楼地面积**	4970 平方米
节能效益	73%	**师生数**	85 人
相关认证	台湾地区 EEWH 钻石级绿建筑、第 34 届台湾建筑奖佳作、第一届高雄厝绿建筑大奖、2012 年香港环保建筑大奖亚太区优异奖、2012 年学学奖绿色公益行动组影响力奖、全台首座“净零耗能”校园		

是那座有着超大屋檐、造型有棱有角的木造图书馆。很多学生都笑着说:“新图书馆看起来好像变形金刚，好酷！还有木头的香味。”

的确，如此兼具“书香”和“树香”的绿校园，要归功于设计之初就坚持建材取之于当地的建筑团队。

建造那玛夏图书馆的木材，全数来自50公里内疏伐人工林而取得的台湾柳杉，减少可观的运输成本。负责设计案的建筑师郭英钊强调，易受极端气候冲击的台湾，应该多以自然建材打造建筑空间，因为木材不但具备温润质感，还有极佳的“固碳”效果。

回归祖灵基地　将民族文化带入校园

自古以来，民族智慧就是人和自然环境相处的经验累积。那玛夏民权小学挑选重建基地的过程，也充满了故事性。

传说“八八风灾”前夕，那玛夏部落的长者梦到，祖灵背起竹篓离开现居地，前往山上，似乎警告族人将有灾难发生，要往高处逃生。巧合的是，经当地民众、地方政府与台达所邀请的成功大学探测团队的多方协调，最后选址结果真的是位于较高处的民权平台。而后还在操场中央的砾石地，发现了玛夏部落长眠于此的先人遗址。似乎冥冥中，族人也追随着祖灵的脚步，找回了学校与社区中心。

开始兴建后，当地民众希望将民族文化意向融入

1、2、3　从天花板纹路、外墙壁画到户外水塔，那玛夏民权小学许多设计都融入当地原住民的文化精髓。

校园建筑，台达便邀请艺术家明有德（汉名）操刀，从当地占人口最大比例的布农族神话故事着手，兼容并蓄其他各民族的传统，制作了多项艺术作品。

如位于校门口的显眼装置艺术，是明有德参考布农族的神话起源——太阳，重新处理风灾后散落在河床的漂流木，把手工制作的朴实原木，化为旋转燃烧的太阳图腾，而太阳散发的光芒，又如触手般撑起高科技打造的太阳能装置，暗喻绿能科技和神话传说的成功融合，一起成为守护部落重生的力量。

思考建筑风格时，郭英钊也考虑到民族文化内涵，如木造图书馆的造型设想，即来自开满基地周围的曼陀罗花，并以布农族的猎寮与卡那卡那富族（Kanakanavu）的男子集会所为设计概念，象征部落传统与知识的传承。教学楼则以布农族民居作设计设想，使学生如同在传统文化中学习新知，校舍作避灾使用时则让当地族人心里有所依归。

全台第一　净零耗能校园

重生后的那玛夏民权小学，教学楼与图书馆每平方米的年耗电量（亦称为EUI，Energy Use Intensity），竟然不到6.7度，几乎是全台湾最节能的校园建筑，究竟是怎么办到的？

首先，是顺应当地气候条件的“被动式”节能设计。学校海拔高度超过800米，建筑团队先运用环境

天灾来临时，运用中庭与教室的多元空间，加上预存的再生能源与食物，那玛夏民权小学还可化身社区避难中心。

模拟软件，决定建筑量体的配置与走向，再搭配高架楼板设置的可调式地面通风口、教学楼与图书馆的通风天窗；在夏季有效地将外气导入室内，冬季则靠建物间的遮蔽作用，减少冷风扑面的状况。

做好了通风系统，接着要处理建筑的热源。建筑团队在屋顶铺设了极厚的隔热岩棉，比台湾地区现有

建筑外墙热传导系数严格3倍，几乎与日本和德国等先进标准同级。校舍外墙更采用内含陶质颗粒的隔热面漆，能大幅反射阳光，全方位遏止热能入侵。

由于那玛夏位于偏僻山区，供电不稳，在水患频繁的汛期更为明显。对此，那玛夏民权小学利用山上日照充足的有利条件，在屋顶与地面共装设22峰千瓦（kWp）的太阳能光电系统，自产再生能源使用。

经过统计，和同等规模校舍相比，启用4年多的那玛夏民权小学，每年节能效益高达73%，且太阳能整年的发电量，已超过教学楼与图书馆的电力需求，成为全台第一座达到“净零耗能”（能源的产出量大于使用量）的校园！

校园中庭可作为避难中心

除了本身节能减排，那玛夏民权小学至今已累计协助上千人次避难。当有灾难来临，学校中庭可转为避难大厅，作用如同家中客厅，而每间教室则像是房间，且校内备有食物和饮用水；平时与台电并联的再生能源系统，一旦台电输电线路中断，仍可自给自足使用 7 天，若加上备用的柴油发电机，供电时间还可延长到 14 天。

用风灾河流木打造的太阳图腾，与高科技的太阳能光电设备完美结合。

校园内除了那座显眼的储水量 3.5 吨的水塔外，下方埋设多达 170 吨的储水空间，假设每人每天节省地使用 50 升水，足以让 300 位村民使用 10 天，实现受灾不离村的愿望。

学校的操场也在海鸥直升机教官的建议下，依地势顺势整理出地坪，虽有坡度，但直升机仍可起降；既不大幅改变地貌，也能方便居民撤离时安全上下直升机。

绿建筑微电影，精华现播

孩子追着太阳跑
帮学校储电

启用初期，那玛夏民权小学设置了监控荧幕，呈现图书馆、教学楼到宿舍的实时能源变化，常吸引师生与村民驻足观看，回想刚刚离开教室是不是已随手关灯？

2015 年，又增设新的台达能源在线（Delta Energy Online）系统，实时显示校内各设备及回路的用电负载情形，便于诊断耗能原因，并通过监视界面和云端资讯进行用电管理。

“能源可视化”的确有助于节能，2012 年学校启用没多久，发现宿舍楼一到晚上用电量便飙升。原来因为山上夜晚降温快，老师回宿舍第一件事就是打开暖炉。

事实上，当初建筑设计已考虑到这点，只要白天打开宿舍的长木窗，让阳光直射蓄热，下班后回宿

移动式太阳能发电车不仅可作为户外电源，还可让学生们了解再生能源的魔力。

舍再关窗，墙体就会慢慢释放热能，为宿舍保温。经过和校方沟通，并请老师养成开窗和关窗的习惯后，就减少了开暖炉的频率。

校内还有一套储能系统，可用来调配再生能源发电状况。阳光充足时，校内用电负载小于太阳能发电，储能系统就会自动储存多余电量，等用电负载大于太阳能发电时，再自动启动供电。

最有趣的是，这里还有两座200峰瓦（Wp）的移动式太阳能发电车，可用电瓶储蓄太阳能，充满后当成师生们进行户外活动的移动电源，用于为麦克风、扩音器等设备供电。

常可看到随着太阳移动的角度变化，孩子们推着太阳能车四处移动，寻找最适合晒太阳的位置。孩子们慢慢知道，过去，太阳是部落神话的起源，现在，成了学校打造自主能源的来源。

04

现代诺亚方舟
成功大学孙运璿绿建筑研究大楼

位于成功大学医院旁的成大力行校区，紧临小东路有栋造型抢眼的“孙运璿绿建筑研究大楼”，不但是台湾第一栋零碳建筑，也是至今在国际上最知名的台湾绿建筑代表作之一。

亲手设计这栋绿建筑的成功大学建筑系教授林宪德，喜欢称“孙运璿绿建筑研究大楼”为“绿色魔法学校”，因为里面不但有多种环保材料与节能技术，更大量运用校园的学术研发能量（合计动员 4 名教授及 12 名硕博士生），自己形容这就像是由一群爱地球的傻瓜兵团，集众人之力拼凑而成的“诺亚方舟”。

该大楼在设计初期，预估可以节能 65%，结果 2014 年不但达到节能 70%（相较于低层办公建筑）的成果，每平方米年耗电量（EUI）仅 34 度左右。更难能可贵的是，这栋建筑每坪 8.7 万元新台币的平实造价，是寻常老百姓都负担得起的“平价绿建筑”，证明绿建筑绝非有钱人才能盖的豪宅。

落成 5 年来，每年吸引超过 3 万人次参访人数，更一路荣获台湾内部事务主管部门最高的“钻石级”

成功大学孙运璿绿建筑研究大楼

完工年份	2011 年	**楼地板面积**	4800 平方米
设计	林宪德		
节能效益	70%（相较于低层办公建筑）		
相关认证	台湾地区 EEWH 钻石级绿建筑、美国 LEED 白金级绿建筑、2011 年世界立体绿化零碳建筑杰出设计奖，被收录于 2013 年 Routledge 出版的《世界最绿的建筑》		

科技促進中興
缺憾還諸天地
Boost The Nation With Science
Leave The Regrets To The Mother Nature
孫運璿
Yun - Suan Sun
1913~2006

绿建筑标章、美国绿建筑协会LEED的“白金级”标章，也是亚洲第一个取得LEED白金级标章的教学大楼。无怪乎有“绿建筑教父”封号的尤戴尔松（Jerry Yudelson）曾在英国《卫报》（Guardian）上发表评论，赞扬孙运璿绿建筑研究大楼是全世界最绿的绿建筑！

太阳能光电系统提供1/7电力

从大楼的外观来看，远远就会被那只屋顶上的红色瓢虫吸引，因为它刚好攀附在叶片状的太阳能光电系统，常有经过路人的被这幅景象吸引，抬头仰望半天，甚至拍起照来。

林宪德解释，将太阳能光电系统设计成叶子造型，是因为叶子吸收太阳能可达到接近100%的能量转换效益，反观今日太阳能光电系统的转换效益，还不到25%，提醒人类追求节能科技的同时，更应谦卑地了解大自然的生存智慧和运作定律，珍惜资源的使用。

目前这座总容量17.6峰千瓦（kWp）的太阳能光电系统，全年发电量超过2万度，约可供应该建筑1/7的用电。为追求最多日照，建筑南端设有船头样貌的光电系统角度控制台，通过舵形转盘随季节变换屋顶太阳能光电系统的角度。

1 攀附在太阳能光电系统上的红色瓢虫，是“绿色魔法学校”最吸睛的视觉亮点之一。

2 配合“诺亚方舟”意象，馆内四处可见仿如船体造型的设计手法。

3 一般企业多以自家人名捐建校园建筑，但台达这栋绿建筑却是纪念台湾地区行政管理机构前负责人孙运璿，以感念他对台湾的贡献。

海绵城市设计化解极端降雨威胁

若不特别介绍，很少有人会注意到校外的平坦车

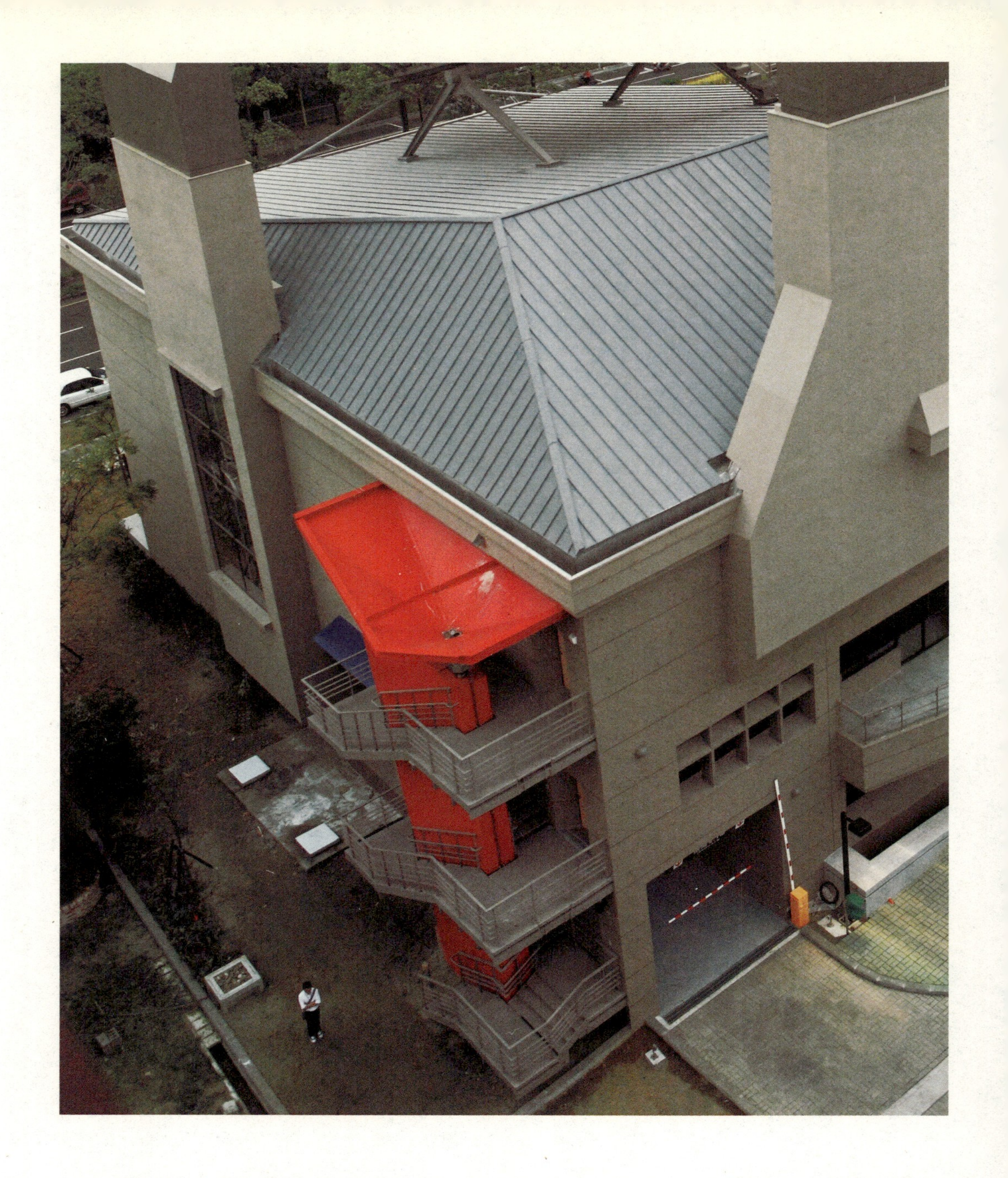

世界最大的雨扑满，收集珍贵雨水用于浇灌庭园。

道，是用回收塑胶制成的透水铺面。

这种特殊的JW工法透水铺面，由台湾地区本土研制，利用竖立的塑胶管格框，加上水泥强化，不仅具备载重能力，还有绝佳的通风与透水效果，能在雨天时快速吸纳降水，晴天时清净空气污染物，让路面宛如海绵一样，连铺面下方的土壤生态都能维持健康。

如此一来，以特殊工法铺设的人行道、广场与停车场，得以让雨水渗透，延迟雨水进入下水道的时间，减少市区淹水风险，提高应对极端气候事件的韧性。

这栋大楼另设有雨水回收系统，可将雨水收集到东面与楼梯共构的超大红色储雨池，作为浇灌、洗涤与冲厕用水；门外的生态水池，除了吸纳生活排水与雨水，同时也可作为昆虫、两栖类、水生植物等生物的栖息地。储雨池和生态水池可在雨季贮留大量雨水，减少水资源浪费。

至于北侧保留的 0.7 公顷树林，复育了多层次植栽，且尽量保持原有自然样貌，不做任何铺面，仅以架高的木栈道作为和建筑物间的通道。

当初为了让建筑基地上的老金龟树获得足够伸展空间，设计团队将大楼向后退缩，让摇曳的树影呼应波浪状的建筑立面，风起时，位于门口的金龟树落叶，常伴随自然气息一起吹入室内。连同屋顶上的阶梯花园，这些环绕在建筑四周的绿带，都能有效降低都市热岛效应。

而独树一帜的绿屋顶，由林宪德教授不断进行实验与改进，2011 年亦获得“世界立体绿化零碳建筑杰出设计奖”。经实验证实，“绿色魔法学校”的屋顶花园可让表面温度变化维持在 3℃以内。

在台湾南部的盛夏时分，强烈太阳照射下的屋顶

1

2

1　“绿色魔法学校”在建造时，为保留基地上的一棵百年金龟树，整体建筑基地退缩，让建筑与自然共生息。

2、3　该栋建筑设置许多绿化带及亲水空间，一来实践“海绵城市”愿景，二来也减缓都市热岛效应。

4　大楼前的车行道路采用JW生态工法，除了能透水、增加基地保水外，密集的通风管因日晒产生的气压差，让气流循环，也达到净化空气的效果。

表面，温度经常达到70℃，但经过绿屋顶的冷却，室内顶层楼板表面温度维持在32℃以下，减少了非常可观的空调耗能。

替建筑“戴帽”挡掉日晒

在炎热高温的台湾南部，如何帮建筑防晒是门大学问。

对此，“绿色魔法学校”在顶层设计了一个大屋顶，作为整栋建物的遮檐，让屋面拥有深邃的遮阳面积。从外面来看，就好像帮建筑戴上一顶遮阳帽，挡掉大量直接日晒和阳光热度。

其次，也通过设计手法，在访客经常停留的公共区域，均以自然采光作为主要光源。而一般习惯配置在走廊转角深处的厕所，则改在外侧转角，并以毛玻璃砖和空心砖作为外墙，增加厕所的透光性和自然通风；地下一楼的停车场也设置采光天井，减少开灯频率。需要照明的楼梯，干脆直接配置在建筑物外侧，最大限度利用自然光线。

“灶窑”原理打造舒适会议厅

在“绿色魔法学校”众多空间配置与不同功能的场馆中，最有特色的要算位于二楼、可容纳300人的会议厅。走进这里，即便没有任何专业背景的人，也能深刻感受何为“浮力通风”原理。

过去，家家户户几乎都有一个“灶窑”，是古时候燃烧效率最好的烹饪设备，通常由砖泥塑成的保温灶台和一根长长的烟囱一起构成，让氧气由底部的薪柴入口进去，废气由烟囱顶部排出，可说是传统建筑的典型节能设计。

大楼运用这种传统建筑的节能智慧，一共设计了3座浮力通风塔，一座位于中庭上方，让室内直接与外气相通，另一座位于一楼墙面，最后一座就在会议厅内，让偌大的会议厅每年可减少5个月的空调使用时间。实践证明加上一些科技的帮助，传统的灶窑通风概念在现代依旧管用。

不过，在地处亚热带气候的台湾，即使在冬天，想让一个坐满300人的大会议厅不开空调，仍是挑战。

活用古代“灶窑原理”，使诺大的会议厅每年减少5个月的空调使用时间。

为加强通风效果，会议厅前方主席台后，挖了一

排开口引进凉风，座位区最高处的墙面，也做了一个壁炉式烟囱，为整个会议厅创造出一个由低向高的对流场，让风可以畅行无阻地横扫逾 300 人的观众席。为加强浮力，烟囱南面还开了一个透明玻璃窗，并将烟囱漆成黑色，借此吸收玻璃带来的太阳辐射热能，形成有如灶窑燃烧的层流风场。

研究团队现场实测发现，每年11月到次年3月，会议厅在不开空调的状况下，内部风速可维持在0.1～0.6m / s的舒适度，新鲜外气换气次数也有5～8次，不用耗能就有舒适的通风环境。

折板状天花板　打造极佳光线与音响反射

当然，绿建筑不能只考虑节能减排，也要兼顾场

百分之百本土绿建材 降低运输碳排放

据调查，在台湾地区本土生产的水泥、玻璃、木材等建材，要送到使用者手中，分别平均需经过52.7公里、74.1公里、122.9公里的运输距离。

如果采用进口建材，那么运输过程的温室气体排放量，因漂洋过海将会增加数百倍，因此“绿色魔法学校”的建造过程，尽可能做到百分之百使用当地供应的建材。

除考量运输的碳排量，“绿色魔法学校”还大量使用由废弃物回收再制的环保材料，用水库淤泥烧制的陶粒、不使用卤性塑胶的电线材料、回收尼龙环保地毯、回收PET饮料瓶（饮料瓶等塑料包装材料）抽纱制成的窗帘等，洋洋洒洒集结了34种产自台湾、价值约2000万元新台币的绿色建材，使“绿色魔法学校”犹如台湾环保厂商的示范建筑，更是一本环境教育的活教材。

屋顶花园采用水库淤泥烧制的陶粒，具有很高的吸水性，可减少浇水的次数。

馆的使用需求。

作为演讲和表演用途的会议厅，灯具用的是体育场常见的陶瓷复金属灯，让色彩真实而鲜艳，上面反光罩则可降低发热量。此类大功率的灯一般很少用在室内，会议厅巧妙地将其配置于两边侧墙，让灯光先投射向天花板，通过设计手法创造多次投射，最后均匀地分布于观众席，不会产生刺眼的炫光。

同理，折板状的波浪天花板，也能强化音乐演奏的效果。进风室四周还钉上玻璃绵，并在入口处装设消音箱，隔绝外面来的噪声干扰，避免突如其来的喇叭声响跟着外界气流一起进入会议厅。

有一次林宪德教授还邀请郑崇华站到台上，完全没用麦克风就对台下讲话，结果因为天花板优异的音响反射效果，即使坐在演讲厅后部，都可以听到郑崇华在说什么。

诚如林宪德教授所说，这栋建筑不只定位为绿建筑的示范场域，更是一个环保教育的体验中心。从仿效诺亚方舟的船体外观，到内部装潢艺术展现的生物情境，他希望除了专业人士以外，每个来此参观的小朋友、家庭主妇或社会人士，都能深刻体认此刻地球所承受的危机，开始关注生态问题。

绿建筑微电影，精华现播

05

坐落于南科的小白宫
成功大学台达大楼

除了成功大学孙运璿绿建筑研究大楼，台达还有一栋绿建筑跟成功大学结缘，那就是位于南部科学园区的成功大学南科研发中心（又称“台达大楼”）。

这栋绿建筑当初获得认证时，台湾内部事务主管部门的 EEWH 绿建筑认证甚至连分级标准都还没制定出来。

启用 6 年来，4 层楼的成大台达大楼可容纳逾 200 名研究人员，目前集结产学合作研究团队、热带植物科学研究所，还有提供民间厂商进驻的成大研发中心等不同单位。整栋大楼外观以白色为基调，借此反射太阳辐射，并配合环保涂料使外墙热能降温。馆内同样以白色为主色调，将自然光线均匀地导入室内。

成功大学南科研发中心

完工年份	2010 年
设计	曾永信建筑师事务所
楼地板面积	9518 平方米
节能效益	节能 13%（相较于低层办公建筑）
相关认证	台湾地区 EEWH 绿建筑认证合作级绿建筑

屋顶隔栅遮阳与地下导风廊道　展现巧思

除了外墙隔热，成大台达大楼的屋顶遮阳设计，也不同于一般建筑。

在南向的屋顶上是一大片由钢构组成的白色隔栅，无论阳光从哪个角度进来，隔栅都能产生阴影，降低建筑顶层的吸热程度。此外，隔栅也与空调系统的室外机结合，减少阳光直接照射空调箱的机会，减少其运转时的能源消耗。许多窗户同样也利用隔栅，降低阳光直射的热能。

成大台达大楼外面有片生态池，可达到降温与导

风的效果。建筑团队原先打算沿着生态池设计的深遮檐走廊，历经几次风雨侵袭之后，决定另外新做窗户，与之略为隔绝，算是针对当地微气候作出的调整。

当地师生和上班族平日进出南部科学园区，多半依赖私家车辆，因此成大台达大楼的地下停车场，设计大了面积的导风廊道，来增加自然采光和通风效果，减少开启通风与使用照明设备的时间。

除了室内停车场设计有巧思，户外停车场也运用树荫，制作专属的遮阳结构，方便车主移车时少开冷气，而且每个结构都预留了 1 平方米，作为树木未来的成长空间。如果遇到骤雨，雨水常沿着孔道直接落在车上，因此户外停车场的遮阳设计，常被同人们戏称为“洗车孔”。

即使是早期的绿建筑设计，通过外墙反射、隔栅结构遮阳、地下停车场的采光与通风、与生态池的协助降温，成大台达大楼每年可比同类型的低层办公建筑节能达 13%。

1 成大台达大楼外面的圆形生态池，是帮助建筑降温的最佳媒介。

2 户外停车场的白色遮阳结构，堪称一大设计巧思。

绿建筑微电影，精华现播

06

有风的建筑
台湾清华大学台达馆

来到位于新竹景致秀丽的台湾清华大学，错落的湖畔和树荫景象，是这所学校和其他理工学院最大的不同，不仅让校园洋溢自然气息，也纾解了闷热暑气。

前往台湾清华大学台达馆的路上，你会先被门前的“昆明湖”吸引。这座湖取名自清华大学在抗战时期的西南联大校史，不但让师生有亲近自然水景的绿色廊道，也让校园多了一种仿如《未央歌》书中的怀旧气氛。

2011 年年底落成的台湾清华大学台达馆，在原本的台湾清华大学红楼旧址重建，目前由电资学院、材料系、奈微所等单位共同使用，近来启动的台达线上学习平台 DeltaMOOCx，在这里也有专属办公室。

人们常形容，台湾清华大学台达馆是座“有风的建筑”。在新竹，有风似乎理所当然。然而，如何把自然凉风导入室内以协助降低能耗才是学问。

许多现代化的大楼就像水泥盒子，常把风隔在墙外，反而把热气锁在钢筋水泥里，热气出不去，只好开空调降温。因此每到夏天，大家总习惯在门窗紧闭的大楼里猛开冷气，可是空调得用电力驱动，而台湾的发电多来自燃烧化石燃料，产生大量温室气体，加剧气候变暖，形成恶性循环。

台湾清华大学台达馆

完工年份	2011 年
设计	许崇尧建筑师事务所
基地面积	2853 平方米
楼地板面积	29185 平方米
节能效益	节能 8%（相较于大专校舍）
相关认证	台湾 EEWH 铜级绿建筑 台湾清华大学第一栋获得绿建筑标章的大楼

“回字形”建筑体带走热空气

为善用当地充沛的风力，如何打造一条让风顺畅

行走的道路，成为台湾清华大学台达馆的首要考量。

对此，台湾清华大学台达馆建筑体设计为“回字形”，让教室和办公空间环绕在四周，把场馆中央留给偌大的中庭，获得仿如烟囱的通风效果。

正午时分阳光直射时，利用热浮力原理，四周冷空气会迅速被吸进中庭，让风沿着顶端带走热空气，

1
2

有时上窜气流之强劲，就连学生手上捧的纸本作业都会被吸走。

门外的昆明湖也有作用，水池虽然不大，但搭配湖旁 10 余米的绿化带，变成一片极佳的降温廊道，能引领凉风灌进建筑里。为了不阻挡风势，馆内的走廊既宽且深，让来自昆明湖的凉爽徐风可在馆内通行无阻。

通风之余，台湾清华大学台达馆的地下室与停车场也充分利用导光设计，既增加自然光源，也利用风道排出热气，不必开启耗电的大型排风扇。

1 屋顶上的太阳能光电系统至今运作良好，破除了台中以北不适合太阳能发电的认识误区。

2 馆外的昆明湖与绿化带，让新竹的风增添了怡人的凉意。

此外，大楼本身有七成建材属于再生材质，顶楼的太阳能光电系统还能提供额外电力，且启用至今运作良好，破除了台中以北不适合太阳能发电的认识误区。

按照同样面积换算，比起同类型的大楼，台湾清华大学台达馆每月可节省约 60 万元新台币的电费支出，不仅达到节能减排的目的，也帮校方减少能源开销，可谓一举两得。

绿建筑微电影，精华现播

07

湖景凉风迎面来

台湾“中央”大学国鼎光电大楼

位于中坜的台湾“中央”大学，全校第一栋绿建筑“国鼎光电大楼”，也由台达捐建，这栋绿建筑特地以“中央”大学杰出校友李国鼎（1910—2001年）命

名，对该校师生极富意义。

跟其他绿建筑相比，坐落在湖畔的国鼎光电大楼，拥有令人称羡的大面积户外水景，且湖面足足是建筑面积的 4 倍，可创造绝佳的通风与降温效果。

跟台湾清华大学台达馆如出一辙，国鼎光电大楼的建体设计为“ㄇ”字形，借此创造大面积的挑高中庭，可正面迎接来自湖面的清爽凉风，视觉上则呈现清水模的灰色基调。

而仅有 5 层楼的国鼎光电大楼，通过刻意加宽的“友善楼梯”，鼓励师生们多利用楼梯上下楼，电梯则被隐藏在建筑的角落。

设计深遮檐　减少阳光直射走廊

此外，这里同样看得到台达惯用的深遮檐设计手法，并透过向后退缩的走廊，让教室减少被阳光直射的机会，进而降低空调使用率。

国鼎光电大楼启用后，陆续进驻了光电系所的实验室及许多设备，使整栋大楼耗电量逐步增加，有段时间还超过台湾一般建筑每平方米的能耗平均值。目

台湾“中央”大学国鼎光电大楼

完工年份	2011 年	**空间量体**	11801 平方米
设计	吴瑞荣建筑师事务所		
相关认证	台湾地区 EEWH 铜级绿建筑、台湾“中央”大学第一栋获得绿建筑标章的大楼		

外露式的维修管线，帮助国鼎光电大楼降低日后的维修难度。

前校方持续与台达基金会合作，希望找出更多节能方法，不辜负绿建筑的美名。

当初会以李国鼎为名捐赠教学实验大楼，郑崇华即是希望学子们能追随李先生的脚步，为社会擘画更光明的未来。

绿建筑微电影，精华现播

Chapter 4

培育、竞赛
找出绿人才

默默累积了许多绿建筑经验后，台达逐渐发现，这些宝贵的环保知识与节能理念，有必要继续传达给社会各界，产生涟漪向外扩散。

这几年，台达把绿建筑当成展示平台与创作题材，通过志愿者导览、设计竞赛、国际比赛、专业训练等不同的宣导模式，依序接触到对环保有兴趣的社会人士、青年学子、设计院校，甚至专业建筑师等不同族群体，让大家了解绿建筑的设计概念与环保效益，并逐渐参与其中。

老实说，这样的推广工作，对一家以 B2B 业务为主的企业来说，非常不容易。尤其，台达既不是环保团体，也不是房地产开发商，如何对社会大众解释绿建筑的好处和必要性，甚至负起培育专业人才的责任？若不是强烈的使命感，绝大多数企业是做不到的。

01

打开大门
邀员工化身说书人

2016年是台达成立45周年。26年前，当台达逐渐站稳脚跟并初具规模，为了回馈社会，台达电子文教基金会成立了。

这个基金会的最大特色是，从成立一开始，即有计划地推动能源教育，从美国引进“全校式经营能源教育”（K-12 Energy Education Program，简称KEEP）宣导教材，并自2008年起培训企业志愿者，走入校园，推广节能。

而在台达一栋栋绿建筑完成后，以往那些只存在于书本或影片上的节能概念，说服效果也变强了。当2006年台达第一栋绿建筑——台达台南厂启用后，台达就对外敞开大门，把绿色厂区当成对外展示的空间，也让每天在里面工作的员工，化身导览志愿者。

每到开放参观日，穿着蓝色背心的台达员工，化身为向观众解释绿建筑的“绿色说书人”。

在台达台南厂，许多员工除了名片上的工作职务，还有一个“绿色说书人”的身份，除了做好本职工作，人人还可为参观绿建筑的观众现场说上一段关于绿建筑的真实故事。

解说时同步示范设计

每次有小学生到台南厂接受校外教学，尽管参访人数动辄破百，过程长达两小时，但都能由驻厂的绿色志愿者们完美完成解说工作，并制造有趣的互动效果。

例如，在中庭大厅向孩子们解释屋顶通风的原理

时，负责操作的志愿者会分秒不差地让通风塔扇叶如羽翼般开合；到了台南厂二期的船形会议厅外侧，有如太空船入口打开的通风进气口，总让这些小朋友有如看到魔术表演般的惊喜。

曾有带队参观的小学老师称许：“曾经在课本上看到过台南厂的绿能设计，原以为只是图片非常漂亮，现在亲眼所见，才知道这些设计都有节能作用。”

除了导览熟悉的绿色厂区，肩负政府环境教育示范基地的成功大学孙运璿绿建筑研究大楼，由于参访者络绎不绝，2013 年组织导览志愿队时，许多台达员工自告奋勇加入，利用假日担任解说志愿者。

这里是许多民众第一次接触绿建筑的地方，年龄从幼稚园到银发族都有，更需要讲解者有较强的说故

事技巧与生活化的分享与沟通能力。基金会负责训练台达志愿者们培养出更亲切的讲解方式。

有人发现，用古时候厨房里的“灶窑”比喻，就能马上让长者意会绿建筑常用的“浮力通风”技术。“原来这就是我小时候常看见的灶喔！”不少银发族常恍然大悟地说。

台达在中国大陆各地，累积训练超过 230 位能源教育志愿者，举办能源教育活动上百场，受益学生达 4000 人次。

其实一开始，导览绿建筑的解说任务，多委托熟悉节能设备运作原理的资深厂务或公关人员，但在志愿者热潮与服务口碑慢慢传开后，拓展到只要有兴趣，不分单位，每位员工都能参加。

通过对外解说的志愿者机制，创造出良好的宣导效果，台达赫然发现，原来绿建筑不仅是盖完了就好，更要大声说出来，对外分享节能经验，才能普及，形成风气。

台达志愿者制度　走向国际化

不只在台湾地区，台达同时把志愿者制度带到了台湾地区以外的厂区。

2013 年，台达基金会在中国大陆推出“台达爱地球——能源教育志愿者服务专案”，号召员工走入校园，向下一代传达节能知识与环保理念。

活动从上海的浦东新区龚路中心小学起跑，吸引上百名员工响应。为向志愿者们灌输良好的背景知识，台达基金会先后邀请台湾荒野保护协会、政治大学与中国建筑设计研究院国家住宅工程中心等专家担任老师，讲授绿建筑课程。之后还举办了 4 堂能源课程与 1 场户外教学，邀请学生参观拥有美国 LEED 绿建筑黄金级标章的台达上海运营中心暨研发大楼，实地见证最新的环保做法、节能设备及智慧管理系统。

2014 年，能源教育志愿者服务专案的脚步拓展到江苏和四川，相继与苏州市吴江区的天河小学及绵阳市杨家镇台达阳光小学合作。2015 年再延伸至湖南郴州的柿竹园小学、广东东莞的石碣文晖学校及安徽芜湖的凤凰城小学。由基金会协助各厂区建立志愿者服务体系，并开发因地制宜的教案内容。

如今，台达在上海、成都、郴州、吴江、东莞、芜湖等地，已积累训练超过 230 位能源教育志愿者，一共服务了 44 个班级，举办能源教育活动上百场，受益学生达 4000 人次，先后获得上海市浦东新区曹路镇与浦东新区政府的志愿服务奖项。

泰达厂区培训能源种子讲师

台达能源教育的脚步，也不仅限于华人区。泰国是台达最早在海外设厂的国家，多年经营下来台达泰达厂有一批素质相当高的同人，同样关心气候变迁与绿建筑等相关议题。

在 2016 年，泰国的泼水节一度传出限水消息，同时，泰达厂区五六十位员工开始能源种子讲师的培训，他们顶着超过 40℃的高温，为附近缺乏教学资源的小学讲授能源教育课程。同一时间，人力资源部门也开展“Open House”活动，让 7 所学校的孩子们可以到厂区亲身体验节能绿科技和 3D 影片，课程设计中更将孩子的环保画进一步制作成厂区的环保袋，激发孩子做绿设计的创意；厂区完善的节水和回收水措施

这几年，台达开始把志愿者制度带向海外，图为台达泰达厂举办的校园能源教育活动。

更让孩子们亲眼见识到如何保护、珍惜水资源，点滴教育都是要让孩子尽早适应气候变化带来的冲击。

由基金会所开发的“台达能源教材（Delta Energy Education Program, DEEP）”，由志愿者依据当地的实际情况改写，力求贴近当地需求；同时改写教材也将反馈交流，如此想法激荡，也成为基金会人员每年更新教材的灵感养分。

跨部门集合众人专长

台达的绿建筑志愿者制度，除提升员工对企业的认同与荣誉感外，甚至还激发了额外的工作动力。平时分散在不同事业部门、拥有不同专长的志愿者们，竟会为了同一件服务专案集结起来，合力作出新创意。

例如，台达参加 2013 年台湾灯会展出的“台达永续之环”，事后建材不但百分之百回收再利用，而且根据当时不少志愿者主动献策，纷纷在厂区收集废料和零件，带着工具箱参与建材再利用工程，陆续衍生出纸沙发、节能小屋等许多再生用品，从普通上班族摇身一变为“绿领工匠”。

绿建筑不只强调设计与科技，更希望创造人与自然互动的友善空间。

到台达各地的绿建筑参观时，常会看见穿着蓝色背心的台达志愿者，卷起袖子擦拭建筑物的灰尘、帮忙清洗墙面，甚至在大雨过后，穿着青蛙衣下到生态池中清理长得过于旺盛的物种，负担起绿色园地的维护工作。

甚至于，志愿者们还会贡献创意，想办法让绿建筑变得更绿一点。例如，台南厂二期启用后，志愿者群便讨论二楼户外露台的植栽种类，以每个人花两小时的接力模式，一起创造了台达所有厂区里，第一个由员工自发参与的绿屋顶改造案例。把原本只有单一物种覆盖的制式草坪，改造为充满层次景观、容易亲近、之后也便于维护的空中花园。

现在，天气好的时候，不少员工在休憩之余会走到户外，抚摸绿屋顶上的小小多肉植物、捡拾贪吃的蜗牛，这里成为员工们的“开心农场”！

台达每年给志愿者提供5天的假期，基金会则会集中训练志愿者两天、安排参访绿建筑，并陪同初次上课的志愿者进班面对学生。台达能源与绿建筑志愿者团体成立至今，整体留任率大约七成，也有员工退休或离职后，仍继续投入协助台达志愿者的培训工作，彼此的情谊不减。

随着台湾地区以外的厂区陆续成立志愿者团体，包括中国大陆、泰国等地的志愿者组长，也都会回基金会接受新教材的培训。基金会现正投入线上数字教材的开发，让未来的志愿者训练时，可以突破语言的限制。

02

推动绿领工作坊
建筑碳足迹认证

推广绿建筑这么久，台达时常遇到挑战，建了这么多绿建筑，究竟有多少人受到启发？会不会沦为纸上谈兵？能否影响专业的建筑从业者？

的确，观察绿建筑风潮的演变过程，“建筑师”无疑居于最关键的核心地位。有鉴于此，台达从 2009 年起自发举办了“绿领建筑师培训工作坊”，找了业界最顶尖的绿建筑设计者，为建筑师与室内设计师上课，至今已有 8 年。台达认识到除了要有对的人，也需要有更适合本土的工具，因此与成功大学林宪德教授合作，共同开发“建筑碳足迹”的资料库，让建筑师在规划绿建筑时有所依据，强化建筑的能源使用规划，也带起一套由下到上的建筑认证制度。

台达基金会与台湾绿领协会发起“绿领建筑师培训工作坊”的民间训练机构，理论与实践并重，培育超过 200 位建筑从业人员。

师法德国培训“绿领建筑师”

早在 2006 年，当台达集团创办人郑崇华到德国参访绿建筑时，就对靠近比利时边境的亚琛（Aachen）建筑训练技术中心极感兴趣，他也曾造访德国西北部鲁尔区的蒙特赛尔学院（Akademie Mont-Cenis），见证德国绿建筑的培训与实际操作制度。

当时，郑崇华看到德国训练人员，拿着看起来像是破布的材质，涂上一层黏着剂后，直接塞进墙壁之中，如此就有一定的保温效果，而且费用还相当便宜。当时郑崇华心想，如果这套训练机制能带回台湾，教导更多懂得建筑节能技术的建筑师与从业人员，不知

道有多好！

经过一段时间的酝酿，台达基金会与台湾绿领协会在 2009 年共同发起绿领建筑师培训工作坊的民间训练机构，邀集大陆相关领域的专家担任讲师，理论与实践并重，内容涵盖绿建筑概论、绿建筑设计策略、如何改造成为绿建筑、绿建筑评估系统等，堪称台湾民间第一门为绿建筑量身打造的专业课程，至今培训超过 200 位建筑从业人员，除了建筑师、设计师、想自己盖绿建筑的业主，也有房地产业者以及建筑商报名参加课程培训。

2012 年，绿领建筑师培训工作坊课程内容通过美国绿建筑协会（USGBC）审核的 LEED CE Hours 认证时数，成为台湾地区第一个被认可，并且以汉语授课的绿建筑学分。

不过，毕竟能牺牲假日上课的人还是少数，为扩大课程的影响力，2013 年，集结出版《绿领建筑师教你设计好房子》一书，将通俗易懂的绿建筑知识，分享给更多有兴趣的民众。此书在 2016 年获得“吴大猷科普写作奖”。

推广建筑碳足迹认证系统

即使建筑师都已具有绿色设计的概念，但是如果市场或认证工具都不成熟，距离在社会上普及绿建筑概念，则仍有一大段的差距。因此，辅以适当的认证制度和检测体系，配合适当财税制度，从设计开始就减少碳排放，才是让建筑大幅减排的关键。

1999 年引领制定台湾绿建筑评估系统（EEWH）的林宪德教授，就常思考如何加速建筑物的节能减排进程。他近年疾呼台湾应在绿建筑审核标准外进一步统一评估单位，彻底盘查建筑物在建造、使用，直到拆除或改建过程的“生命周期”碳排放量，鼓励建筑市场采用更节能的设计和永续建材。

林宪德的理念与郑崇华十分相近，因此在孙运璿绿建筑研究大楼落成后，台达基金会与成功大学联合其他民间组织与学者，合作筹组了“低碳建筑联盟”（Low Carbon Building Alliance），建立“建筑碳足迹认证制度”，让各界开始认识建筑碳足迹。

一栋建筑物平均约60年的生命周期，若逐一检视建材生产和运输、营建施工、日常使用、修缮更新、

建筑生命周期碳排放占比

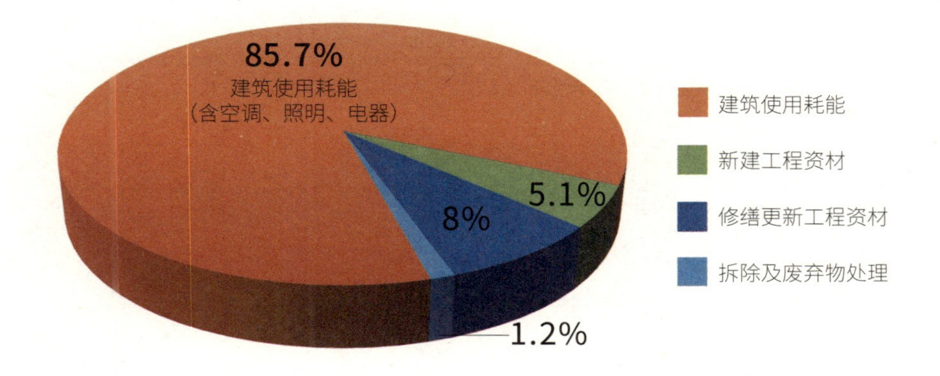

资料来源：《建筑碳足迹——评估理论篇》，林宪德著，2014年

林宪德与台达积极推动建筑碳足迹认证、授课训练绿领人才，希望加速建筑物的节能减排脚步。

拆除废弃、回收利用等几个阶段中，在台湾不论是何种类型的建筑物，都以“使用阶段的日常耗能”为最大宗的碳足迹，且比重超过六成，部分案例甚至接近九成。其中，空调、照明、电器，更是高居前三名的碳排放元凶！

低碳建筑联盟已开发出的建筑碳足迹评估软件（LCBA-Delta），至 2015 年已协助 7 栋建筑计算碳足迹，平均可为建筑物未来 60 年减排 10% ~35%，并发挥 47 % ~77 %的节能成效。

低碳建筑联盟除发表一系列研究和认证方法外，经过这几年的推动，目前建筑碳足迹评估制度已拓展到住宅、厂房等领域，也已获台湾环保主管机构碳足迹产品类别规则文件（PCR）采认，是全球第三个经官方认证的建筑碳足迹系统，仅次于欧盟与日本的认证系统。

对台达而言，不论是训练绿领建筑师，还是推动建立台湾本地的建筑碳足迹系统，都是希望让“绿建筑”这三个字从台湾消失——因为如同台达创办人郑崇华所说，所有的建筑早就应该是绿建筑。倘若每位建筑师一开始就能考虑环境冲击和能源消耗，主动替使用者营造最好的空间与舒适度，而使用者同样对建筑内的能源使用时时留意，这或许就是绿建筑推广的最终目标，建立起一种尊重能源的内化态度。

案例 1

新北市立图书馆新总馆

台湾首座获得“钻石级”建筑碳足迹认证的建筑物，是 2015 年落成的新北市立图书馆新总馆。

这栋 24 小时营业的图书馆，属于空调及电器耗能极高的行政办公大楼类型，建筑在使用阶段的耗能即占 47%，其次才是新建工程阶段的 21.2%。

为降低碳足迹，图书馆运用了浮力通风、高效照明、复层 Low-E 玻璃、省水设备等减排器材，让它每平方米的能耗量跟一般住宅相差不远，减排成效高达 35.34%。

不过，通过认证只是开始，在往后使用的 60 年间，仍有许多可进一步节能减排的空间。

案例 2

欧莱德公司龙潭厂

欧莱德是台湾唯一涵盖绿色原料、制造、包装、电力、工厂、行销等环节，完全贯彻绿色供应链经营模式的化妆品牌，近年来在岛内外环境评比与 CSR 竞赛中获奖无数。

位于桃园龙潭的企业总部厂房，先前已取得 EEWH 绿建筑认证“黄金级”标章，2016 年再加入低碳建筑联盟的碳足迹申请行列。

由于龙潭厂属于工厂类建筑，使用阶段耗能的碳足迹占比高达 92.8%，因此首先着手优化空调系统，进行照明减量、电气设备夜间待机等能源管理方案，再辅以屋顶绿化、装设太阳能光电系统、降低热辐射，最后取得减排效益 26.22%的“钻石级”碳足迹认证。

同时也在产品生命周期导入碳足迹评估制度，结果发现产品原料取得仅占 19%的碳足迹，擦抹完洗发精的热水冲洗过程，才是排放量最大来源，促使他们研究改变配方与介面活性剂用量，减少冲洗时间。

03

募集设计

台达杯国际太阳能建筑设计竞赛

2015 台达杯
国际太阳能建筑设计竞赛
作品展
3676
淘 汰

绿领建筑师工作坊的培训对象，多半是专业工作者，或对绿建筑有兴趣的业余人士。但台达还想更进一步从教育制度着手，让学生在校园就能接触到绿建筑的知识，甚至提供实际操作机会。

几乎与启动集团绿建筑打造工程同一时间，自2006年起，台达开始冠名赞助“台达杯国际太阳能建筑设计竞赛”，这项每两年举办一次的竞赛，向各国家和地区的人才广泛征集如何将洁净能源应用到绿建筑与现实生活的好点子。

过去6届赛事，台达杯累积吸引了来自超过90个国家和地区的6564个参赛队伍热烈响应，获得1289项有效设计作品，堪称国际上最受瞩目的绿建筑设计竞赛之一。

设计蓝图要能落实

比起其他竞赛，台达杯更强调将设计概念落实。

自从2009年起，获奖作品都有实地建设的计划，目前已有4件作品完成启用或正在建造中，包括：四川省绵阳市杨家镇的台达阳光小学（2011年落成）、四川省雅安市芦山县龙门乡的台达阳光初级中学（2015年落成）、苏州市吴江区的中达低碳示范住宅（2018年完工）、农牧民定居青海低能耗住房计划（2017年落成）等。

诚如台达创办人郑崇华所说，台达杯不是纸上谈兵，获奖作品的设计蓝图，都可能变为真正可居住、可观摩、可检验的建筑实体。

主办方 中国可再生能源学会理事长　石定寰：

培育年轻人才　打造绿色未来

台达杯国际太阳能建筑设计竞赛走过 10 载，影响力不断扩大，逐步成为新能源应用服务、获奖作品实践、创新人才培养和低碳理念传播的综合平台。

台达杯对于中国太阳能建筑的发展，起了先导性、示范性作用，影响并培养了一批又一批的年轻设计师，在“绿色化”成为国家发展战略的大背景下，太阳能建筑将有更广阔的市场。

这项大赛也见证了中国可再生能源发展的 10 年。

10 年前（2005 年），刚开始实施《中华人民共和国可再生能源法》，在法律支持下，推动了可再生能源的发展。特别在应用领域和建筑领域，通过这样一个设计大赛，让人们增加了对太阳能建筑未来发展的共识。借由示范工程，让很多年轻人与设计工作者、土木工程建筑师们，更了解未来的发展。

同时，这个大赛也培养了设计人才，作品很多来自高等学校的设计院，也包括中学的青少年设计爱好者，将来他们都是中国太阳能建筑设计师队伍中重要的成员。

在中国推动能源革命、实现绿色化的进程中，设计是一个源头、是一个引领环节，通过设计才能把小到一栋建筑、中到一个社区、大到一个城市，更加按绿色化要求，更多利用太阳能、利用可再生能源的方向，把事情坚持下去。

通过台达杯国际太阳能建筑设计竞赛，向各国人才广征绿建筑的好点子。图为评选一等奖作品。

不仅如此，台达杯的设计主题更紧扣社会脉动，希望用绿建筑解决当代环保节能事业中最重要的问题。

如 2009 年主题设定为四川地震灾区的校园重建，最后真的成为四川省绵阳市杨家镇的阳光小学设计蓝图；2015 年要求将绿建筑融入偏远乡村与游牧民族的日常生活；而最新揭幕的 2017 年赛事，更将主题连接到近来引发热烈讨论的高龄者住宅趋势。

当天全国老龄工作委员会办公室代表发言指出，中国目前高龄人口超过 2.25 亿人，几乎占了全国人口的 1/6，“以后每年还要增加 1000 万名老人！”如何妥善照顾每位长者，并提供节能又舒适的高龄者宜居建筑，势必成为越来越受关注的议题。

绿建筑微电影，精华现播

得奖者 国家住宅工程中心

太阳能建筑技术研究所副所长　鞠晓磊：

通过实际工程让创意成真

经过 10 年，台达杯的影响力再进一步扩大，对建筑行业，对高校学生来说，也有更大影响力。

我在读研究生阶段，有幸参加了两次台达杯国际太阳能建筑设计竞赛。第一次在 2007 年，当时我在学太阳能建筑一体化专业，为了参加这个竞赛，我查阅了很多资料，最后取得二等奖，提高了自己的技术水准。2009 年再度参赛，也是为了使自己的专业进一步提高。

通过两次竞赛，使我在这届的同学中，以较好的成绩优势，顺利进入国家住宅工程中心，继续太阳能设计的工作，从“参与者”，变成一个竞赛的“组织者”。

竞赛有两个重要意义。首先，推广太阳能及可再生能源，使设计院的工程师及在校大学生，能将太阳能理念灌输到工作及学习过程中，往后在面对业主时，也会贯彻这样的理念。其次，它提供了一个平台，鼓励好的建筑师将创意融入竞赛，因为这个竞赛还通过实际工程，将想法及技术变为现实。

台达杯太阳能建筑设计竞赛历届主题

年度	主题、赛题	有效作品	得奖作品
2005 （尚未冠名赞助）	农村住宅与城镇办公建筑的太阳能利用	87	生态办公建设设计——生活　生态　生长（山东建筑大学）
2007	太阳能和我的家 北京地图 90 平方米多层城市住宅，与低层农村住宅	201	两个一等奖“光盒作用”（清华大学）和“生态塔楼”（清华大学）
2009	阳光与希望 四川马尔康与绵阳地区的校园重建	194	两个一等奖“蜀光”（山东建筑大学）和“土生土长”（山东建筑大学）
2011	阳光与低碳生活 苏州市吴江区和呼和浩特市的低碳宜居住宅	188	两个一等奖“垂直村落”（东南大学）和“6 米阳光”（北京交通大学）
2013	阳光与建筑再生 青岛市海慈医院	102	两个一等奖“时光容器”（北京交通大学）和“驻波 · 逐日”（哈尔滨工业大学）
2015	阳光与美丽乡村 农牧民定居的青海低能耗住宅，和农村住房产业化的黄石住宅公园	250	两个一等奖“风土再生”（北京交通大学）和“日光 · 笙宅”（广西大学）
2017	阳光 · 颐养 陕西西安与福建泉州的生态颐养服务中心	239	两个一等奖“荼蘼 · 院落”（河北工业大学、石家庄铁道大学、西安建筑科技大学、中铁建安工程设计院联合团队）和“风 · 巷”（浙江理工大学）

2009 年台达杯竞赛一等奖作品　蜀光

2015 年台达杯竞赛一等奖作品　风土再生

2011年一等奖作品，二星级绿色建筑设计标识认证

粉墙黛瓦 吴江中达低碳示范住宅

整栋建筑运用了太阳能光电系统、太阳能热水、底层架空通风、屋顶和墙面绿化、阳台自遮阳等技术。

空间规划方面，垂直村落通过上下排列的户型单元，表达远近的透视关系，波浪形斜墙的应用则让每一户同时能拥有住宅的向阳面和遮阳面，提高了太阳能集热器的得热率，也解决了南向眩光问题，一方面活用太阳能，并且打造出舒适、宜居的居家空间。

江苏省苏州市吴江区，是典型的江南古城区，家家临水、户户通舟，被誉为“醇正水乡、旧时江南”。

坐落于同里湖畔的“吴江中达低碳示范住宅”，以2011台达杯一等奖“垂直村落”为设计基础，2018年完工。

吴江中达低碳示范住宅的设计，充分考虑了地域特色，并汲取江南传统建筑文化精髓，将水乡建筑的文化机理，反映到现代化的多层建筑中，以粉墙黛瓦为色彩基调，丰富整体造型精致度。

此外，经中国建筑设计研究院的调整，并融入台达研发的智慧楼宇解决方案，吴江中达低碳示范住宅可通过排风控制系统，自动过滤空气并与户外空气交换，提高室内空气品质，即时监测水、电、能量消耗等，达到最佳节能效果。

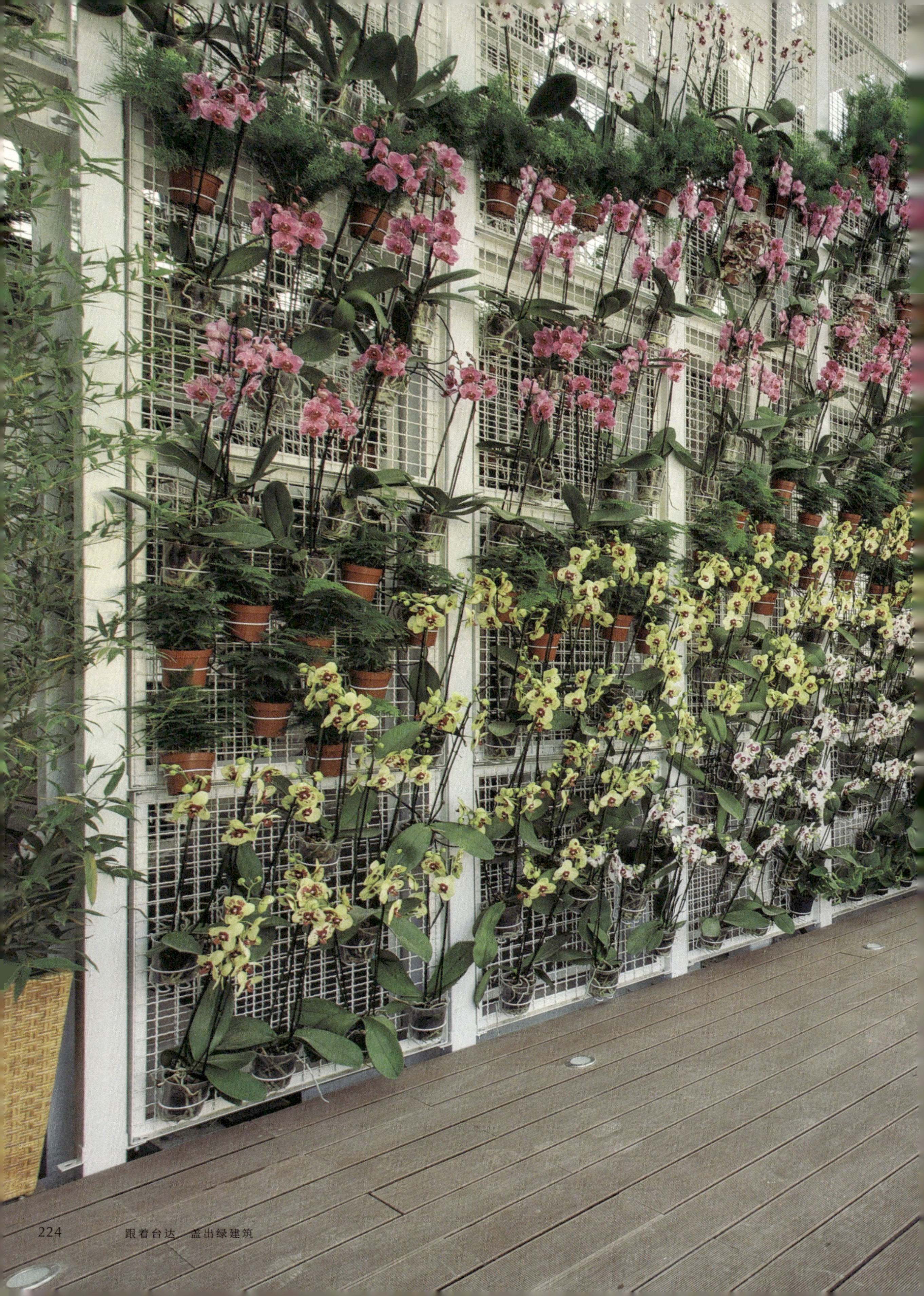

04

进军世界
兰花屋抱回四项大奖

办设计竞赛征求绿建筑的创意还不够，台达还支持年轻人参与国际赛事、拓展国际视野。

一般人对于2014年的记忆，多停留在巴西举办的“世界杯”，这股每4年一次的足球热潮，吸引全球近40亿广大球迷。但同一时间，远在大西洋彼岸的法国，台达同人们也正在观赏另一场全球冠军战，而

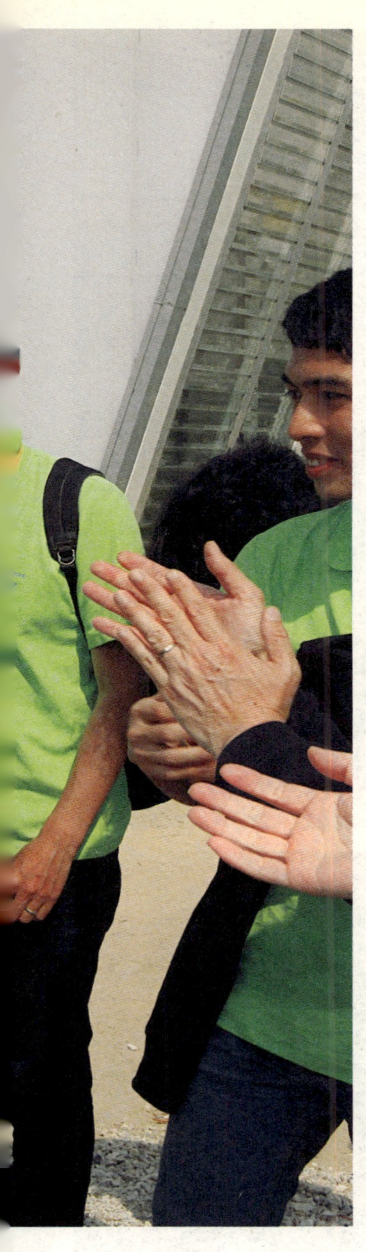

为拓展下一代绿领人才视野，台达协助年轻人参与国际绿能活动与设计竞赛。

来自台湾交通大学“Orchid house”（兰花屋）团队，更在最后夺得 4 项荣耀，那就是被誉为太阳能设计竞赛世界杯的“Solar Decathlon”（十项全能绿色建筑竞赛）！

2002 年，第一届 Solar Decathlon 在美国华盛顿特区举行，当时由美国能源部及美国国家再生能源实验室共同发起，一方面试验永续科技，一方面借实体住宅，让公众看见减缓环境冲击的可行性。决赛队伍必须实际打造一座运用太阳能的住宅，除了极大化应用再生能源，更得尽可能降低能耗，减少废弃物。

2007 年赛事引进到欧洲，诞生每两年举办一次的“Solar Decathlon Europe”（简称 SDE），2013 年中国国家能源局与北京大学加入举行第一届“Solar Decathlon China”，2015 年哥伦比亚政府也举办“Solar Decathlon Latin America and Caribbean”。不过，由于欧洲各国对永续发展的高度投入，加上美国后来将参赛队伍限缩为境内学校，使得 SDE 从欧洲杯的地位，跻身为各主办区域中最具国际规格的世界级竞赛。

10 天搭建房子　天天出题模拟考

不同于一般设计竞赛，Solar Decathlon 必须以作品的实际样貌和环保绩效一较高下。进入决赛圈的队伍，得在时限内建造完成一栋住宅，并通过连续两周的能源模拟检测。每天大会还指定不同任务，如开

伙招待邻居、限时以绿能加热定量的水、限定最少重量的洗衣、限定最低时数的 3C 设备使用、开放民众参访等许多环境变因，上演真实的日常生活场景与能源使用情境，决定哪栋绿建筑才是真正的“十项全能”！

综观历届评分标准，能源管理项目可以说是最主要的胜败关键，如整体能源效率、电力备载平衡、室内温湿度控制、各类生活电器的节能绩效等，便占了四至五成评分比重。

而且大会并不盲目追求建筑的美观与设计感，反而强调回归建筑的基本功能与建造精神，鼓励学生思考如何让建筑达到净零耗能，与绿电供需之间的稳定和调节。

事实上，12 年前的第一届 Solar Decathlon，台湾地区便有队伍参加，但直到 2014 年 6 月，才首次由台湾交通大学闯入决赛。当时，来自 16 个国家和地区的 20 支顶尖大学团队，聚集在法国著名的观光胜地凡尔赛宫，要在 400 平方米的基地面积上，限时 10 天搭建自己设计的绿建筑。

而台湾交通大学兰花屋却一口气囊括“都市设计奖”第一名、“创新奖”第二名、“能源效率奖”第三名及“最佳人气奖”第三名 4 个分类奖项，不仅让人留下深刻印象，也缔造了亚洲队伍历来的难得佳绩。

1 强调实作的 SDE 要求参赛者盖出一栋真实的房子，以实际节能表现一较高下。

2 当时亲自到巴黎现场替台湾学生加油的郑崇华，最爱看各团队绿建筑作品电箱内的奥妙。

“顶加”变绿　青年住宅新想象

当时代表台湾地区参赛的团队，是由台湾交通大学人文社会学院院长曾成德及建筑研究所所长龚书章等名师，率领30位学生组成的“Team Unicode”，他们花了近两年钻研设计案，在24小时日夜轮班营造搭建下，完成一座试图解决都市热岛效应与青年居住需求的“兰花屋”，展现绿建筑可同时兼具气候变化调适力，并符合节能与尊重自然的期待。

既然从台湾地区出发，兰花屋也在绿建筑内融入台湾地区特有的创意与地方文化。

为了生计或求学，全球人口愈来愈往城市流动，造成城市空间的过度拥挤与不敷使用。在台湾地区，常可看到屋顶上加盖的简陋铁皮屋或违章建筑，不仅缺乏公共安全保障，更让居住者必须忍受“冬寒夏热”的局促环境。久而久之，也就变成台湾地区建筑文化的一种特殊风貌。

台湾交通大学团队认为，倘若可以打造更永续、舒适的顶楼住宅，便可在城市的天际线上，大量腾出让青年与弱势者负担得起的居住空间，让这群人能够留在都市内，不必被迫迁往更偏远的郊区，每日付出更多通勤时间与交通碳排放量，同时伤害了环境与社会资本。兰花屋便从此理念出发，把台湾地区的顶楼加盖文化，转为适合居住且附带环境友善功能的绿建筑。

一开始，兰花屋采取许多“被动式”设计。例如，让热气从斜屋顶的通风百叶流出，并以最佳日照角度

台湾交通大学兰花屋 (Orchid house)

完工年份	2014年
建筑师	台湾交通大学建筑所学生团队“Team Unicode”
相关认证	荣获2014年Solar Decathlon Europe大赛4个分类奖项：“都市设计奖”第一名、“创新奖”第二名、“能源效率奖”第三名、“最佳人气奖”第三名

台湾交通大学大人文社会学院院长曾成德带领团队参加2014欧洲十项全能绿建筑竞赛，打造永续绿能兰花屋，整体能源管理及效益表现优异，获得“能源效率”等4项大奖。

在屋顶和墙面安装太阳能光电系统与热水器，同时设置雨水回收系统。

室内则通过“蓄热墙”调节温度，蓄热墙的材料使用回收PET饮料瓶、钢铁及环保木材组成，能捕获来自太阳的能量，阻挡户外炎热，让室内保持凉爽，加上台湾交通大学团队创意设计的“智慧皮层”(Smart-Skin)，利用弹簧的开合控制直射屋内的阳光。再栽种许多兰花，创造温室花园般的宜人场域，还可利用植物的蒸散冷却作用，清净室内空气，植物生长则透过回收雨水滴灌，减少水资源耗费。

施工方面，兰花屋具备轻结构模组化及容易改装的使用弹性，所有建材与设备皆可回收再利用，一来减少能源浪费，二来也可降低居住者的经济负担。

指导兰花屋计划的台湾交通大学建筑所助理教授庄熙平观察，比起其他的设计团队，兰花屋更强调“社会意识”的倡导。既然建筑顶楼是城市最靠近天空的场域，就该更自由开放地运用，在屋顶创造更宜居的舒适空间，还能连带协助减缓城市的热岛效应，成为激励社会创新与永续发展的一片沃土。

除了经费上的支持，台达也运用自身节能系统与整合能力，提供从太阳能发电、智慧储能、环境控制到能源即时监控等完整解决方案。通过兰花屋的实际展示，可看到台达为其量身打造的“建筑能源管理系统”（Building Energy Management System, BEMS）与“电能储能与管理解决方案”（Battery Energy Storage Solution, BESS），通过可程式控制器（Programmable Logic Controller, PLC）监控所有传感器及设备，让兰花屋具备可自我调节温度的能力，同时达到室内环境的舒适与节能减排之效。

绿建筑微电影，精华现播

SDE 不只是赞助 更是实作与产品试练的机会

台达与台湾交通大学的合作起源，可回溯到 2013 年 5 月，时任台湾交通大学副校长的林一平先找上台达 MCIS（关键基础架构事业部）总经理蔡文荫，招募兰花屋参与 SDE 所需的太阳能光电系统。长年推广环境议题的台达知道，SDE 不仅是太阳能设计竞赛最高殿堂，更是难得的国际曝光与实战机会，随即由品牌长暨基金会执行长郭珊珊亲自带队前往台湾交通大学洽谈，并通过当年台达策划的“台达永续之环”与台北国际电脑展（computex）“阳光小学”互动展区，让台湾交通大学了解台达具备的技术能量与策展能力。双方一拍即合，8 月即决定深入合作。

超越纸上谈兵的 SDE，不但要

协助台湾交通大学兰花屋角逐 SDE 的过程中，台达各部门也借此获得了系统整合经验。

求参赛学生盖出真的房子，评审还会不断提出实际问题，实测各种绿能设备于真实生活情境下的绩效。因此在 2014 年 6 月进凡尔赛宫之前，不只台湾交通大学团队先在校内试搭建兰花屋的建筑结构，台达团队也在台南厂区模拟了设备通电测试，预判所有系统整合在一起后可能遭遇的挑战。

这种准备并非多虑，事实上，产品在厂区跟实验室得出的完美数据，都得经过实战测试，才知道还有哪些改善空间、该如何与其他系统整合。例如，当时正值夏季，法国虽然很热，但经常一阵大雨后气温骤降，这时室内又需供应暖气，才能维持比赛要求的环境舒适度。这种系统整合能力，便是台达希望掌握的“Energy Management Solution”，因为绿建筑不光是装设发电系统，还必须兼顾环境舒适度、能源的储存与调度及实时的能源管理等诸多方面。

郭珊珊回想，当时台达创办人郑崇华也花很多时间流连于会场，除了帮台湾选手加油之外，更不时抽空观摩其他队伍打造的建筑。不过，他看的重点不只建筑外观，“郑先生每次都会看机电柜的箱子”，研究人家怎么转接、整合不同电力来源、如何设计控制系统等。

一旦绿能设备更为普及，深入寻常百姓家，如何让每套系统无缝接轨，融入真实的建筑结构与生活家电，都得通过 SDE 这种实战舞台找出答案。

05

太阳种子冬令营
带领青年学子筑梦

每当台达电子文教基金会有登上国际舞台的机会，通常也会让新生代有机会发声。哥本哈根气候会议（COP15）上，基金会曾海选小学生拍摄公益广告，带到联合国周边会议廊道播放；在“欧洲杯十项全能绿建筑竞赛（SDE）”召开前，台达基金会则与台湾交通大学共同举办了“太阳种子冬令营”，并选出一名高中

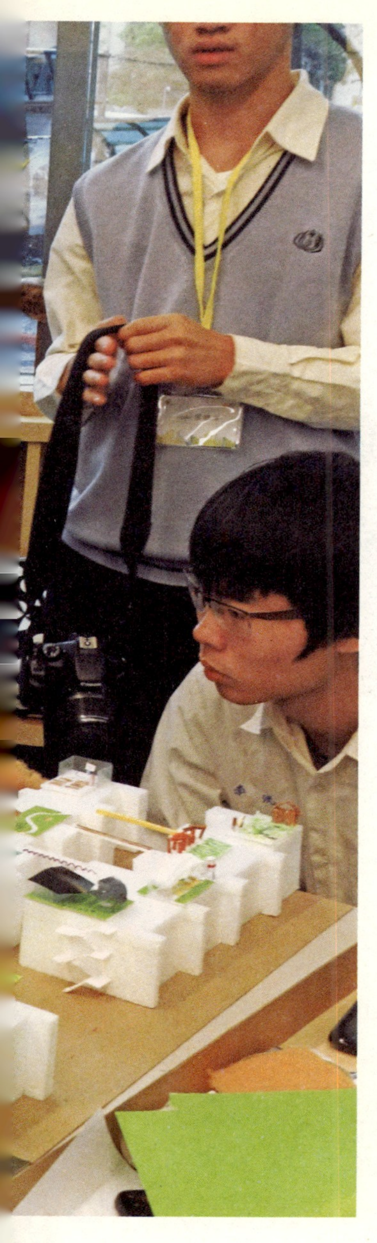

台达电子文教基金会与台湾交通大学合办“太阳种子冬令营”，以实验研讨方式辅导高中学员打造台湾节能屋顶。

生担任“能源教育青年大使”，由台达全额支付食宿机票，让青年大使担任兰花屋的导览解说员，向各国参观者说明兰花屋设计意涵及来自台湾地区的绿能科技。

为何选高中生？根据 SDE 的评分规则，竞赛不只看绿能或建筑项目，更是希望能扩大节能的影响力。台达基金会过往就有开发小学高年级的绿建筑教案，这次参赛经与台湾交通大学讨论后，决定发展出一套高中绿建筑教案，并借由冬令营培育绿建筑种子，使这群高中生将来不论上大学或就业，都能为社会带来绿色、节能的影响。

萌生绿能新尖兵　对抗全球变暖

2014 年春天举办的“太阳种子冬令营”，共吸引来自建中、北一女、新竹高中等学校 35 名高中生参与。为期 3 天的活动中，台达邀请许多建筑师及环境观察者担任讲师，以实验与研讨的方式，带领年轻学子以“屋顶上的 100 种生活”为题，针对台湾地区特有的屋顶加盖现象，脑力激荡提出各种节能方法与住宅构想。

冬令营最后由来自新竹高中的 7 位同学，以“空中西门町”获得最佳团队奖。他们观察到西门町独特的青年次文化，以及当地许多废弃空屋、建筑高低起伏大等许多特色，以“互补 + 包容”为设计主轴，把屋顶打造成滑板族最爱的极限舞台，或顺应建筑高低

台达能源教育青年大使　陈彦廷：

善用台湾科技
解决绿能住宅问题

在选出陈彦廷作为高中能源大使后，台达与台湾交通大学团队，很快就遭遇来自彦廷父母的挑战。

彦廷虽表现得十分优秀，对欧洲也很熟悉，但他的父母在当时显然不太希望他未来朝建筑界发展。

"建筑师是不是都不睡觉的？"彦廷的父亲服务于新竹科学园区的大厂，和竞赛团队只能约在晚上见面，一见到台湾交通大学建筑所所长龚书章，劈头就问了这句话。

只见龚书章似乎也不多做隐瞒，只说他待会儿9点开完会后，还要再去跟学生开会，画图画到天亮的确是建筑系学生的共同记忆。龚书章的坦白，似乎反而取得彦廷父母的信任，他接下来就花了1个多小时的时间，让彦廷的父母了解SDE的重要性，以及其对社会可能带来的影响，终让两位家长略微释怀。

个性自小独立的彦廷，在巴黎的表现的确不负众望。虽然年轻，但他却丝毫不畏惧。

"很多都市都面临人口与居住这一问题，但我们这一代的青年，正尝试运用科技能力提出解决方案！"彦廷用流利的英语，满腔热情地向各国的参观者表达团队的想法，也是他接下来要去追逐的梦想。

陈彦廷事后分享，SDE除了获得奖项肯定，或许兰花屋更令人欣慰的周边成果在于，台达播撒的绿建筑种子已经慢慢发芽了。而他自己则在极力争取之下，获得家人的支持，考取并就读于大学建筑科系，继续朝着他的梦想前进。

奖学金得主返乡回馈

台达基金会每年都会提供奖学金，选送多位研究生赴荷兰、英国等高等学府，研究与环境相关的学科。其中申请建筑或都市设计相关系所的学生，至少占1/3。

在学成返回台湾的学生当中，目前有的在公共部门的城市更新单位任职、有在建筑师事务所研发绿色建材，连基金会之前认养的社区公园，都是由奖学金得主所设计。

起伏的文创聚落，转为充满市集、工作室、艺廊、运动场等多功能的城市创意空间。

此外，同属竹中团队的陈彦廷，获选为“台达能源教育青年大使”，竞赛期间飞到巴黎凡尔赛宫前的竞赛场地，除向参观者介绍兰花屋，并将个人心得发表于台达基金会经营的“低碳生活部落格”。

根据基金会后续的追踪，参加“太阳种子冬令营”的高中生，不仅超乎预期地展现了对环境的观察与想象，更有超过1/3于次年进入各大专院校的建筑与设计相关系所就读；其余的学生也持续通过自己所学，期许在未来创造更大的影响力。

在2016年的秋天，太阳种子的精神，也转化成“台达绿筑迹设计营”，扩大招募从高中生到研究生，组团设计具有公共服务功能的绿房子，让台湾地区对于建筑节能、储能与创能有更多的认识，利用建筑成为对抗全球变暖的第一线。

Chapter 5

接轨世界潮流
推广绿理念

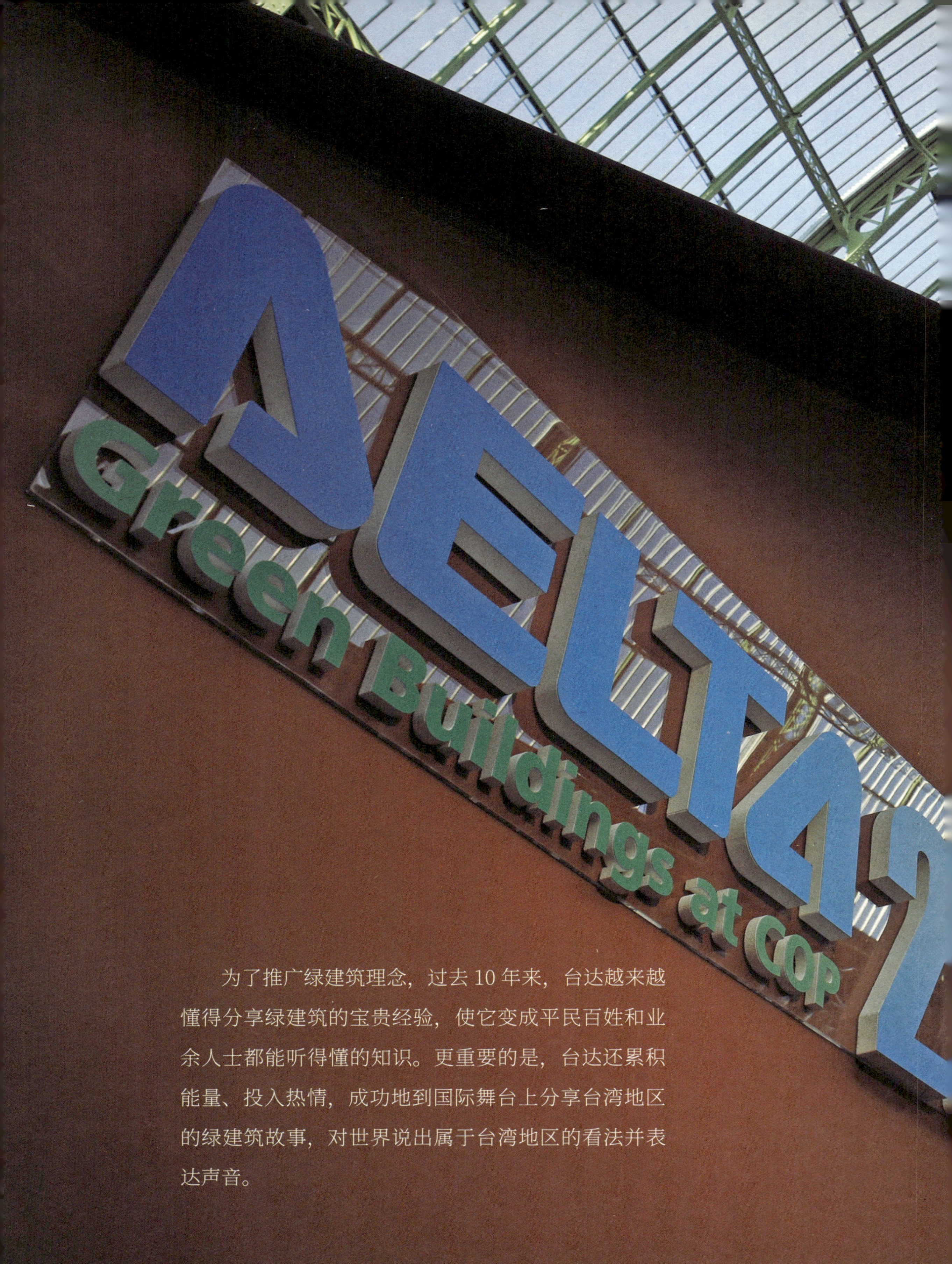

为了推广绿建筑理念，过去10年来，台达越来越懂得分享绿建筑的宝贵经验，使它变成平民百姓和业余人士都能听得懂的知识。更重要的是，台达还累积能量、投入热情，成功地到国际舞台上分享台湾地区的绿建筑故事，对世界说出属于台湾地区的看法并表达声音。

01

最低碳的灯会建筑
台达永续之环

如何打破一般人对绿建筑的刻板印象？就让它更具文化意涵吧！

2013年引发热烈话题的“台达永续之环”（The Delta’s Ring of the Celestial Bliss），就是台达在绿建筑推广手法上的一大突破。

每年春节假期尾声的元宵灯节，是华人世界最灿烂动人的庆典。近年来，元宵活动越来越像人气鼎盛的大型晚会，成为各地吸引观光商机或创造新闻话题的重点活动。

对此，当台达决定参与2013年在台湾新竹县举办的台湾灯会后，便开始省思是否有更永续和节能的方式，为这个重要庆典添上绿色面貌？

当时台达电子文教基金会正与成功大学建筑系林宪德教授合作筹备“低碳建筑联盟”，预计两年内推出民间版本的“建筑碳足迹”评估方法，于是打算让尚在设计阶段的永续之环，作为该制度首座试验标的。

于是台达打算作出一栋碳足迹最少的灯会建筑！

以减少碳足迹为主要目标，台达永续之环的灯体，大幅减少高碳排放的混凝土，改用90%可回收再利用的钢构及生长快速的天然材质竹子，一举让灯体主结构减少近八成碳排放量。

至于电力消耗产生的碳排放量，台达永续之环使用效能极佳的视讯及照明设备，展后废弃物也毫不浪费，如竹墙易地重建为环境教育基地，PET饮料瓶抽

台达永续之环

完工年份	2013年
设计	潘冀联合建筑师事务所
建筑形态	高10米、宽70米的环形建筑
节能效益	比一般混凝土建筑减少近八成碳排放量
相关认证	2015年获国际建筑大奖“A+Awards”瞬间快闪建筑类（Commercial Pop-Ups & Temporary）“专业评审奖”及“公众票选奖”双料殊荣 台湾地区第一栋经计算并公告“碳足迹”的建筑

1

纱制成的投影巨幕，则再制为环保袋；21 万组竹节压实的地坪，最后统统留下来，当成滋养公园土壤的有机肥料，连运送过程都免了。

经过估算，台达永续之环产生的碳足迹，仅为同类型展演建筑的 21.3%，为期 15 天的灯会展期，一共只产生 94.7 吨的碳排放量，相当于 101 大厦跨年烟火相关活动一个晚上碳排放量（约 430 吨）的 1/5！

融入“从摇篮到摇篮”想法

回顾这次难得的经历，仿佛替台达团队重新上了一堂“环境教学课”。

虽然以往大家都已熟知 Reduce（减量）、Reuse（再利用）、Recycle（回收）等 3R 手法，但在建筑碳足迹资料库的数据检视下，发现仍有不少节能空间，可以让每个同人深刻了解，其实在每一张设计图、每一次施工或每一笔采购案背后，都可能影响建筑往后数十年生命周期的碳排放量。

例如，尽管钢铁在台湾的回收已做到几乎百分之百，但仍常被忽略，只要设计阶段融入“从摇篮到摇篮”的想法，事先妥善规划后续再利用的可能性，就能继续延续物品的使用生命，减少被弃置而产生的碳排放。

因此，作为台达永续之环灯座的鹦鹉螺铁制工作站，原本是置放 12 台高阶投影机的中控台，灯会结束

1 台达永续之环的 LED 照明系统，移转至科博馆植物园热带雨林温室打造节能光雕。

2 灯座钢构重新组立，成为大溪小学风雨球场的顶棚。

1

2

3

4

后，工作站便捐给台南社区大学，并委托西班牙建筑师荷西（JOSA MARIA）主持改造计划，把只容两个人转身的狭小空间，变成可供入住的有趣小房子，还用废弃材料打造隔间，在屋内做出阁楼。这栋小屋现在常举办环保讲座或工作坊，电力来自独立供电的太阳能车，成为一栋方便大众亲近的“微型绿建筑”。

至于台达永续之环最壮观的巨大钢构体材，活动结束后落脚到台东县太麻里乡的大溪小学，捐给该校兴建风雨操场的环抱状基座。除了天气不佳时棒球队仍可在棚内接传球与做打击练习，到了台风汛期，作为附近村落避难处的大溪小学，校内也多了一个遮风避雨的地方，帮助当地民众抵御极端气候的侵扰。

1、2 原用来固定投影机的工作站，化身成仅靠太阳能发电车供电的小房子，于台南社区大学供民众体验绿电生活。图 2 为西班牙建筑师荷西。

3、4 灯座外墙的 900 根桂竹，捐赠给大地旅人环境工作室作为台东教育基地示范建材。

绿建筑微电影，精华现播

02

270 度环形灯体
诉说永恒

除了产生最少的建筑碳排放量，台达永续之环另一个话题，来自建筑师潘冀所建构的永续设计意涵。

一般元宵节活动常见的大型主灯，多仿自当年的生肖形体。可是，台达永续之环却是一座高 10 米、宽 70 米的超大环形荧幕，悬挑飘浮在离地 6 米的夜空中，让观赏者一次看遍广达 270 度的视角内容，不但在当时创造全球最大节庆灯体的纪录，更是台湾灯会前所未见的前卫设计。

此般奇特的圆弧设计，源自建筑师潘冀对于生命的感受。

传统中，灯节是整个春节的尾声，人们除了互道恭喜，也为来年祈福。因此，潘冀借由永续之环近似圆形的循环概念，让人们置身于主灯底下时，可感受从四周包围而来的投射光影，仿佛看见自然界永续循环的流动缩影，进而感受到永恒的意象。

呼吁人们感恩自然

那一年的新竹灯会，台达永续之环持续播放以“恒”命名的影片，由“日月篇”及“四时篇”交替呈现。“日月篇”是以郑崇华自传《实在的力量》内容联想，叙述宇宙源起与日月运行的壮阔，思考文明成就引发的危机，并点出后代谋求生生不息的道理；“四时篇”则是以《天下》杂志《发现美丽台湾之春夏秋冬》纪录片为本，取其影片精华，演绎四时交替的台湾之

1 台达借易经“恒”卦，向民众阐述永续的意涵，并邀请书法家董阳孜为展览题字。

2 广达 270 度视角的超大圆弧荧幕，在当时创造全球最大节庆灯体的纪录。

1

2

美。台达邀请国宝级书法家董阳孜，为影片留下墨宝，呼吁人们懂得感恩自然、追求永续的生活。

“奖”不完的台达永续之环

2013年的台湾灯节落幕了，但台达永续之环的影响力仍在发酵。这栋原本只为15天灯节打造的临时绿建筑，竟引发一连串后续效应，甚至得奖连连。

除了散落四方、持续再利用的各种环保装置，当年，台达便以永续之环为参赛方案，获得《远见》杂志企业社会责任奖的“环境保护组”首奖。

2015年，台达永续之环再获国际建筑大奖“A+Awards”瞬间快闪建筑（Commercial Pop-Ups & Temporary）类的“专业评审奖”及“公众票选奖”双料殊荣。A+ Awards是纽约建筑网站Architizer自2013年起举办的设计奖项，分为住宅、商业、交通、文化等9大类型，2015年吸引上百个国家和地区的1500多件作品角逐，还由英国出版社Phaidon发行专刊介绍。

而创意台达永续之环设计概念的建筑师潘冀，也在2015年获得“台湾文艺奖”，表彰他多年来推动人文与环境保护的努力，通过创新手法，将绿建筑理念传播更远、感动更深。

为了在当时全台最长的投影布幕上，放映足以展现永续之美的画面，并同时要兼顾节能减排的理念，支援活动的台达视讯团队付出不少心血规划。最后通过环形中央鹦鹉螺工作站内，共12台2万流明投影机，加上外围3台3万流明投影机共同合作，投出合计超过1200万总像素的画面，也创下台湾户外投影的新纪录。

有最好的投影品质，还要有最佳的节能表现。灯会期间投影设备总耗电量仅有3641.76度，比起同规格的投影耗电量，节能接近五成，使民众于感受影片震撼的同时，也能体会最新的节能技术。

根据官方的统计，为期15天的灯会，光是搭乘高铁、地铁、接驳车等公共运输工具前往赏灯的人数，估计就有1268万人次，这还不含开车赏灯的民众。在许多网络摄影社群，台达永续之环更是当年灯会推荐必拍的景点。

道德层次的减排呼吁，不论是通过建筑形体的设计，还是利用最先进节能的展演手法，台达永续之环都可算是台湾地区实施“环境教育法”后，最盛大的一次尝试。灯会落幕后，展演影片也持续以缩小版模型于不同场合展出，比如巴黎气候峰会（COP21）召开时，影片与模型即在巴黎大皇宫举办的台达绿筑迹展中播出，再次成为当地媒体眼中的吸睛内容，继续发挥影响力。

DELTA
Increasing Demand for Electricity
Le Parisien
Les Echos
Energy for Tomorrow
RMC
RMC
DELTA 21
Delta @ COP21
in Paris 2015

03

迈向国际平台
扮演气候议题
“传译者”

多年来，台达关注环保、能源、绿建筑等，都紧扣着全球大趋势，那就是趁着还来得及的时候，减缓与调适气候变迁。“联合国气候变化框架公约（UNFCCC）”组织，是目前人类应对气候危机的主要机构。2015 年第 21 届联合国气候变化大会，196 个缔约方（195 个国家 + 欧盟）聚会巴黎讨论如何携手对抗全球气候变暖。联合国气候变化大会每年度在不同国家召开，齐聚各国谈判代表、顶尖学者与科学家、环保倡议团体，是全球一年一度最重要的气候会议。

台湾地区也有几个非政府组织（NGO）已取得气候公约的观察员身份，在各自关注的领域内尝试产生影响。

台达基金会自 2007 年在印尼峇里岛举行的联合国气候公约第 13 次缔约国大会（COP13），也就是讨论《京都议定书》接续条约的进程开始，年年都派员参与气候会议，并取得非政府组织（NGO）的观察员资格，也试着通过《低碳生活部落格》发表第一手的现场消息，收集最新的气候新知与环保概念，唤起台湾民众对此议题的关注。

然而在参与一两年后，台达基金会即发现，台湾地区媒体从业者大多缺乏对气候谈判进程的长期关注，对如此重要的国际会议，缺乏全盘综观报道，较难带起民众对气候变化议题的热度。

2013 年 IPCC 最新一份气候评估报告甫问世，台达立刻在台同步举行中译本发表记者会。

长期追踪气候议题进展

在 2009 年，在丹麦首都哥本哈根举行的联合国气候公约第 15 次缔约国大会（COP15）前夕，台达基金会与“卓越新闻奖基金会”合办了“哥本哈根媒体沙龙”，召集一批博士、硕士研究生，每 3 个月一次，

1

2

为对气候议题感兴趣的媒体。解读会议谈判最新进展，并将成果结集成册出版。这群研究生后来成为台达基金会的“环境写手团”，不定期发表关于全球能源与气候分析的文章。

令人遗憾的是，2009 年的哥本哈根气候会议以失败告终，但在 2010 年举办的墨西哥坎昆气候会议（COP16）上，各国吸取失败教训，注入更多心力，发起一套由下而上的自主减排进程。有鉴于此，台达基金会于该年在竹科广播“IC 之音”频道开设栏目，每周专访环境话题人物，解析最新的环境、能源与气候议题，并努力发掘台湾地区气候变化应对方案，同样由下而上，带动全民环境素养与共识，希望唤起听众的共鸣。

2013年，当联合国政府间气候变化专门委员会（IPCC）出版了第五份气候评估报告（AR5）时，台达基金会马上以最快速度发布中译本，与IPCC同步举办实时口译记者会，并于两周内邀集专家学者协助分析。同年，基金会也与“曾虚白新闻奖”合作，开始每年颁发“台达能源与气候特别奖”，鼓励媒体从业者更全面透彻地报道气候议题，至今已有数十篇震撼人心的报道获奖。

至2015年在巴黎召开的联合国气候公约第21次缔约国大会（COP21）时，台达基金会已连续9年实地参与气候会议，同时也通过“国际绿色气候基金（GCF）”的认可，成为可监督国际气候资金运用的民间团体之一，持续扮演气候议题演变的“传译者”，希望带动社会大众意识、有所行动。

1 从2007年起，台达基金会每年固定参与联合国气候会议，带回珍贵的第一手信息。

2 台达基金会在竹科广播“IC之音”频道开设栏目，每周专访环境话题人物，解析最新议题。

松烟园区水逐迹特展敲响抗旱警钟

向媒体解读完《联合国第五份气候评估报告（IPCC AR5）》后，因九成的极端气候都与水相关，台达基金会同人接着以 1 年的时间，于台北松山文创园区筹划“水逐迹——水与环境教育特展”，将科学文字浅白化，希望让民众了解水的改变将如何冲击台湾的未来。

1

“水逐迹特展”开幕的这一年，台湾正面临 67 年来最严重的旱灾，因此开展后受到各界重视。

2

“水逐迹——水与环境教育特展”在 2015 年获得第 11 届“远见 CSR 奖”教育推广组杰出方案首奖，参与推广的同人亦获当年台湾水利主管部门“节水达人奖”的肯定，相关倡议也在持续进行中。

3

1　观众对水逐迹展有高度兴趣，参观时频频询问细节。

2、3　学生是参观此展的主力，从小学生到中学生，均由台达志愿者针对不同对象分龄解说。

4　水逐迹展在台北松山文创园区开展时，台湾遭遇 67 年最严重的干旱，因此受到广泛重视。

5　展览中不只转译 IPCC 的科学数据，更融合文创元素于展场之中，吸引许多文艺青年驻足。

4

5

04

从利马到巴黎
登上国际舞台发声

在连续多年参与联合国气候变化大会后，台达基金会决定于2015年巴黎气候会议（COP21）时参与包括周边会议（Side Event）等活动，因此2014年先在利马气候会议（COP20）作准备，包括尝试申请主办会议，与各国非政府组织积极建立人脉，也与国际大型企业出席气候会议代表持续交流、进行资料收集。

2014年年底，在COP20的会场上，台达基金会从众多申请单位中脱颖而出，得以和世界资源研究所（WRI）、瑞士联邦发展与合作局（SDC）等组织合作，

2015年巴黎气候高峰会　台达参与6场活动

时间	会场	活动主题
11月30日～12月4日	联合国主会场蓝图（UN Blue Zone）	绿建筑摊位展示
12月4日～12月10日	巴黎大皇宫（Grand Palais）	Solution COP21展览之"绿筑迹——台达绿建筑展"
12月7日	法兰西体育场（Stade de France）	永续创新论坛（Sustainable Innovation Forum），由台达董事长海英俊发表演讲
12月10日 10:00~12:00	联合国主会场德国馆 (German Pavilion, Hall 2b)	会议主题：Energy Efficiency - the Local Authorities Visions for 2030 出席嘉宾：德国联邦环境局长Maria Krautzberger、德国Tubingen市市长Boris Palmer等 台达由执行长郑平与台达基金会执行长郭珊珊代表出席
12月10日 13:00~15:00	巴黎大皇宫（Grand Palais）	会议主题：The Immense Mitigation Potential of Green Buildings 参与贵宾：中国可再生能源协会理事长石定寰、中国建筑设计研究院国家住宅工程中心主任仲继寿、潘冀联合建筑师事务所创办人暨主持建筑师潘冀、九典联合建筑师事务所创办人暨主持建筑师郭英钊、台湾清华大学前校长刘炯朗等 台达由创办人暨荣誉董事长郑崇华与董事长海英俊共同出席
12月11日 15:30~17:00	NGO场馆绿区 (Climate Generation Area Salle 1)	会议主题：Emissions Reduction Potential from Green Building & Beyond - Green Buildings in a Sustainable City 参与贵宾：美国麻省理工学院（MIT）副校长Maria Zuber、印度能源与资源研究所（TERI）主任Shirish Garud等，台达由创办人暨荣誉董事长郑崇华与董事长海英俊共同出席

召开了一场主题为“整合型气候风险管理，打造韧性世界（Integrated Climate Risk Management for a Resilient World）”的周边会议。

当时，台达以高雄那玛夏民权小学作为个案，与200多位来自各国的听众分享中国台湾如何通过绿建筑协助台湾少数民族民众调适气候变迁，并顺应当地建筑文化，将重生后的绿校园，设计成可供避难的友善居住空间，并成为台湾地区第一座“净零耗能”校园。会上，包括吐瓦鲁环境部长Mataio Tekinene、世界银行气候变迁部主任James Close、荷兰气候谈判代表团政策主任Annika Fawcett等在内的专家，都跟台达做了充分交流，各方皆希望贡献宝贵经验。

站上国际平台　推动节能倡议

有了COP20的成功经验，在参与历年以来规模最大、2015年于法国首都巴黎举办的COP21会议上，台达便一口气参与了6场不同形态的活动，于国际气候会议上推动节能倡议，呼吁建筑节能获得重视。

这届万众瞩目的气候高峰会，包括各种周边会议、论坛、展览等，合计吸引超过500家跨国企业及400座城市响应，参与人数从原先预估的4万人，增加到近9万人，堪称史上规模最庞大的气候会谈。

经过两年的充分准备，台达整合基金会与企业双边资源，以过去10年打造的21栋绿建筑节能经验，主办气候峰会绿区（UN Green Zone）的周边会议及参与巴黎大皇宫（Grand Palais）举办的“Solution COP21”展览，高层主管更受邀至气候峰会蓝区（UN Blue Zone）的德国国家馆及法兰西体育场举办的“永续创新论坛（Sustainable Innovation Forum）”发表演说。

此外，台达基金会也与来自海峡两岸的绿建筑实践者，共同于巴黎大皇宫举行论坛，向世界分享过去的努力及未来方向，直接与间接影响了数万名关心气候变迁的决策者。

现身德国馆
台达展现节能实力

巴黎气候会议（COP21）结束前一天，台达受德国国家馆（German Pavilion）之邀，参与了主题为“Energy Efficiency - the Local Authorities' Visions”的周边会议，由台达执行长郑平及品牌长郭珊珊两位代表出席，与德国联邦环保局局长 Maria Krautzberger、德国杜宾根市市长 Boris Palmer、国际环保团体 Kyoto Club 代表 Gianni Silvestrini 等人同台，交流如何提高能源使用效率，并探讨地方组织可扮演的角色。

台达执行长郑平首先上台，向与会来宾介绍台达“环保 节能

台达执行长郑平（上图）与品牌长郭珊珊（左图）联袂参与德国国家馆举办的节能论坛，与各国来宾分享台达企业的节能成果。

爱地球”的经营使命，解释台达如何以企业角色提出具体节能作为，并期望对政府的气候政策产生正面影响。台达品牌长郭珊珊随后以台达基金会所赞助的纪录片《看见台湾》为切入点，分享如何通过影片与策展影响力，理性与感性兼具向大众沟通环境议题。

在场专家皆同意，对抗气候危机所采取的能源策略，绝不是只有建造再生能源或扩增发电设备，提高能源效率更是关键。Kyoto Club 代表 Gianni Silvestrini 就表示，一旦未来电动车辆与再生能源开始普及，从能源的储存、转化、调度、到管理，都需要更多系统性的整合与调配，才能提高能源运作效率，否则反会造成浪费。

杜宾根市 Boris Palmer 市长则强调，地方政府若从建筑节能下手，成效将十分显著。该市这几年通过市民的参与，2006—2014 年成功减排 20%，计划到 2022 年再减 25%，减量决心比德国自身还高。

参与永续论坛
台达示范企业节能决心

在巴黎气候高峰会众多周边活动之中，“永续创新论坛（Sustainable Innovation Forum 2015, SIF）”是企业参与度最高、出席阵容也最具分量的高阶商务活动。为期两天的议程，共吸引6000多人申请参加，但碍于场地限制及安全考量，最后主办单位只允许700多人进场。

2015年12月7日的上午，台达董事长海英俊与来自各个国家和地区的75位企业主与城市代表们，一同来到位于巴黎北方的法兰西体育场（Stade de France），参与永续创新论坛其中一场座谈会“永续城市：效率提升与设计创新”，和他同台交流的有：欧洲自动化大厂Danfoss执行长Niels B. Christiansen、软件业巨擘Autodesk清洁科技执行长Jake Layes、墨西哥Hidalgo州政府经济局长、葡萄牙科学与教育部长等国际精英。

主持该场座谈的英国BBC记者Nik Gowing，不断追问各单位推动气候行动策略的背后动机或压力来源，有人表示是受到政府政策的驱使，有人是察觉到市场的风向变化，有人则是明显感受到年轻一代的期待。

对于这个尖锐的提问，海英俊当下从容表示，台达对抗气候变迁的决策，来自“环保 节能 爱地球”的经营使命及创办人郑崇华的坚持。

由于1971年创业初期便遭逢两次石油危机，一来促使台达思考提高能源效率，二来也不断反思企业如何回应环境冲击。海英俊说：“那个时候，根本还没有全球暖化或气候变迁的讨论，但我们就开始在做了！”

今日身为全球电源供应器龙头，台达除了继续强化产品的能源应用效率，更以身作则在2010年订下5年下降50%用电密集度（即每单位

台达董事长海英俊（左一）在永续创新论坛宣布，台达将在 2020 年挑战用电密集度再降 30% 的目标。

产值所需的用电量）的目标，达标后，又追加了 2020 年再下降 30% 的下一个五年计划。语毕，现场响起一片热烈的掌声。

主持人肯定地表示，因应气候变迁不能只靠政府，从激发民间行动与大众环保意识，到金融机构跟创投单位的投入，都需要企业发挥带头作用。通过像台达这样的节能标杆，中国台湾对环境的重视让世人留下了深刻印象，还有一份难得的尊敬。

绿区周边会议
各国皆有节能共识

在巴黎气候峰会（COP21）的最后时刻，台达在以非政府组织（NGO）为主的联合国气候会议绿区，策划了一场与建筑节能相关的周边会议，吸引了满场听众。这是台达首次在联合国气候会议的会场内，一手主导周边会议论坛，希望使建筑节能的议题引起更多决策者重视。

由台达所邀请出席的演讲者，包括美国麻省理工学院（MIT）副校长 Maria T. Zuber、中国可再生能源学会理事长石定寰、中国国家住宅与居住环境工程技术研究中心主任仲继寿、印度能源与资源研究所（TERI）能源环境技术发展部主管 Shirish S Garud 以及中国台湾“工研院”资深顾问杨日昌等人，共同以绿建筑与永续城市为题，分享彼

常年关心环境议题的台达创办人郑崇华，2015 年亲自率队前往巴黎参与联合国气候会议，分享台达的节能经验。

此观点。

站上气候峰会论坛讲台的郑崇华，以台达 5 年为全球省下 140 亿度电做开场，强调节能的投资报酬率极高。并以台达自身建筑节能的实际案例，10 年来节能效益从 30%、50%一路提升，甚至已有能力达到“净零耗能”，证明建筑减排潜力确实惊人。中国可再生能源学会理事长石定寰则提到，改善既有建筑的能源使用效率，对减排具有关键影响力，已成为中国减排策略的重点之一，节能技术也必然持续精进。

然而，节能技术能否大规模推广，仍有赖于制度与金融体系的支持。来自印度的 Garud 博士就认为，印度有机会不走“先污染、再防治”的路线，但急需全球碳资金协助及政府政策诱导。MIT 的副校长 Zuber 则说，若能建立“碳有价化（Carbon Pricing）”的制度，价格因素必然影响每个人的日常能源使用行为，从根本上作出改变。

来自中国台湾的杨日昌博士，除分享了由“工研院”最新研发能源技术，特别强调了储能科技上的应用。台达董事长海英俊也发言提醒与会者，即使各国全部达成自主减排目标，离 2°C的控温目标仍有 47 亿吨的差距；而国际智库已评估其中有近半数的落差，可通过节能技术推广而弭平，建筑能效提升更是其中关键。海英俊呼吁，在《巴黎协定》签订后，建筑节能绝对值得公私部门共同携手，投入更多的资源与心力。

DELTA 21
Green Buildings at COP
Bâtiments Intelligents
Smart Buildings
智能楼宇
SANOFI
MICHELIN
Le Siège de Delta Amériques
The Delta Americas Headquarters
2015
2014

05

巴黎大皇宫秀 21 栋“绿筑迹”
分享台达经验

巴黎气候峰会（COP21）期间，台达除了参与相关活动外，为使影响力扩展到更多的决策者与公众当中，另以“绿筑迹——台达绿建筑展（Delta 21 Green Buildings at COP21）”为名，将10年来推动绿建筑的经验，在巴黎市中心的大皇宫内展出。

位于香榭丽舍大道旁的大皇宫，是座已有百年历史的展场建筑，当初是为了1900年的巴黎世界博览会而建，建筑恢宏深具古典之美。长久以来，大皇宫内多半只有法国的品牌厂商有资格借展，但巴黎气候峰会时，难得开放给民众入场参观各式绿能与节能盛会，台达绿筑迹展即坐落其中。

走入大皇宫，在洒满阳光的玻璃穹顶下，很容易注意到台达展览。那是一座全场最高的褐色独特造型大剧场，7米挑高结构却质朴儒雅，大剧场周围错落摆着书柜与阅读长桌，犹如图书馆氛围，而这正以那玛夏民权小学图书馆为灵感，参观民众可以轻松穿梭其间享受看展。

整个展览由四大块构成。“Smarter”诉说风土建筑之美、联合国气候报告的建筑专章；“Greener”翻阅台达10年21栋绿建筑，从郑崇华2005年的海外绿建筑之旅，一直到最新落成的美洲总部大楼；“Together”让民众可以选择不同角色，从掌管家中大小事的主妇，到拍板预算的企业主管，在游戏中学习节能行为；最后则是环景大剧场，以台达绿建筑体

“绿筑迹——台达绿建筑展”完整呈现台达10年建成21栋绿建筑的点滴。

验旅程作压轴，播放由金马奖动画入围团队所拍摄的《筑回自然》影片，以“仿花为形”的那玛夏民权小学、“邀虫为邻”的孙运璿绿建筑研究大楼，以及“砌石为荫”的台达自身绿厂区，带大家沉静心绪、意会师法自然的理念。

展览期间除可见到许多专业人士，驻足于绿建筑

L'histoire de Monsieur Cheng dans les bâtiments verts
The Story of Mr. Bruce Cheng and the Green Building
鄭先生與綠建築的故事
Le fondateur et président d'honneur du groupe Delta, Monsieur Cheng Bruce, ainsi que les Managers de Delta ont visité de nombreux bâtiments verts en Allemagne, aux Etats-Unis et en Thaïlandeen 2004 et 2005, pour
croissance rapide de Delta et les besoins de construction d'usines.
From 2004 to 2005, the rapid growth of Delta and the demand for factories prompted Mr. Bruce Cheng, the founder and honorary chairman, and the Delta management team to visit many green buildings throughout Germany, the United States, and Thailand. This launched Delta's journey into green buildings.
SORTIE DE SECOURS

1

GREENER
reener
MONACO

2

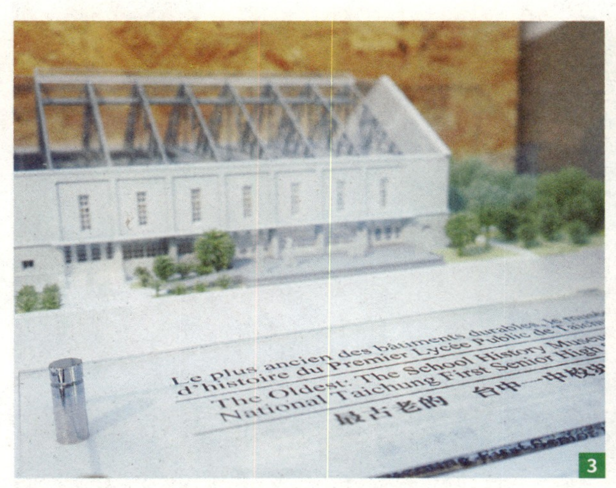

1　郑崇华对绿建筑的启蒙，在展览里有不少着墨。

2、3　包括台达美洲总部等多栋绿建筑，都以模型呈现，增加可看性。

4　IPCC 阐述的建筑减排能力，在展区也被提及，常有民众驻足抄写笔记。

的模型与解说看板前热络交谈，而出席巴黎峰会的中国台湾地方官员与非政府组织代表，受邀参观时则多半停留在建筑储能系统与电动车充电桩前，他们对于台湾的绿能技术已于国际占有一席之地，常难掩难以置信的表情。

就展览期盼拉近与群众之间距离来看，也不乏回响上演，比如参观民众认真抄写笔记，小朋友感到好奇，整张脸贴上建筑模型，游戏区吸引许多跨年龄层观众，更有民众于看完环景影片后，有感而发地说："This is peaceful！"

提前筹备　不断演练

如此动人的展演效果，不仅得来不易，更是许多台达同人努力一年多的成果。以《筑回自然》影片为

Des Solutions Plus Intelligentes, Pour Une Planète Plus Verte
Smarter Solutions, Greener Planet
智慧・兼容天地

例，台达与合作动画团队 40 余人，花了大半年时间轮番出外景至台达在桃园、台南、高雄等多栋绿建筑，镜头视角模拟小瓢虫、萤火虫的飞行轨迹，导引观赏者从户外到室内体验绿建筑之美。

此外，为模拟巴黎现场效果，10 月初台达商借台中一中校史馆，进行实战演练，以符合主办单位要求的 40 小时完工要求。这段在绿建筑里盖绿建筑的历程，同样也在台中一中引起涟漪，让国际盛会与当地绿建筑作连接。

由于巴黎气候峰会开幕前，法国刚经历上百人死伤的恐怖袭击事件，因此开幕后会场安检过程异常严格，一般民众平均要花一个小时时间才能排队进入。然而，仍有 4 万多人不畏恐袭危险，于这段期间造访巴黎大皇宫，参与了这场绿色盛会。

“绿筑迹——台达绿建筑展”在巴黎展期结束后，2016 年年中巡展至清华大学美术学院，并于当年 9 月再移展台北华山文创园区重现经典。台达在巴黎的相关绿建筑倡议活动，获得第 12 届远见 CSR 奖环境友善组最佳实践方案首奖，并持续累积影响力，期盼发挥美丽“正能量”。

1 即使有恐怖袭击的威胁，仍有不少巴黎人携家眷来参观绿筑迹展。

2 展区内所播放的《筑回自然》影片，通过电影手法展现台达绿建筑的理念与特色。

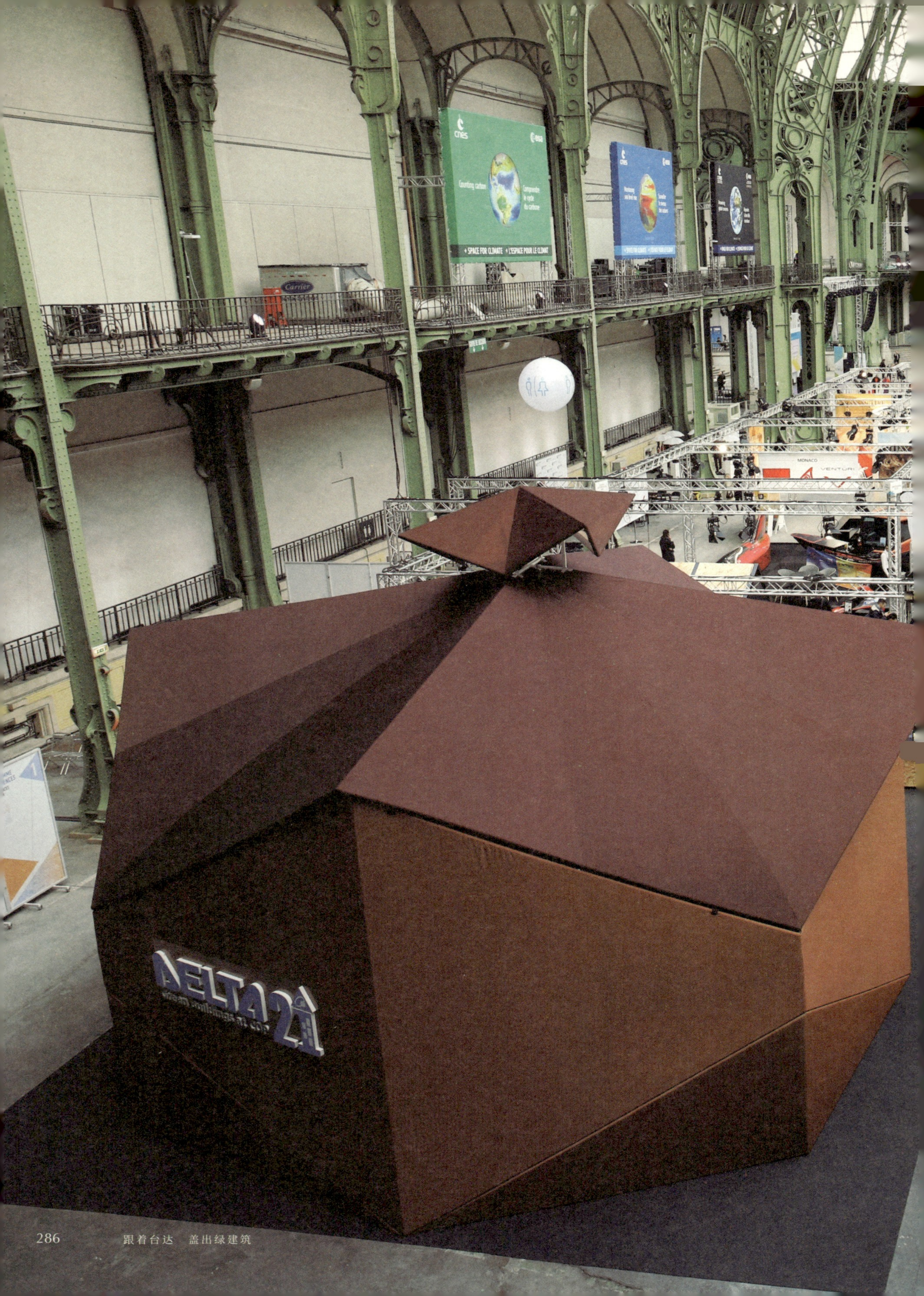
Carrier
SPACE FOR CLIMATE
L'ESPACE POUR LE CLIMAT
MONACO
VENTURI
DELTA 21

06

建筑节能
从零耗能
迈向“正能量”

分析巴黎气候峰会最热门的几个关键字，除将全球升温目标（控制在2℃以内）明文写进《巴黎协定》之外，“碳有价化（carbon pricing）”更是各方极力推动的未来大趋势，从联合国官员、各国谈判代表、研究学者、投资机构到环保团体，都在研究如何通过税赋机制或市场交易，彰显温室气体的价值，以刺激人类降低碳排放量。

然而，综观各种碳排放主要来源，多环绕在能源、工业、交通等层面，建筑节能这方面相对被忽略了。

其实，只要透过“被动式”设计手法，加强室内的采光与通风，或是采用高绝缘系数的隔热建材，就能大幅减少建筑的能源消耗，再辅以太阳能、小型风力发电等再生能源，甚至有办法让建筑的能源使用达到自给自足。

台达参与的巴黎气候高峰会，初步认为将是引领全世界走向低碳路线的重要历史里程碑。

老房子节能潜力最高达90%

事实上，联合国最新一期的气候变迁报告IPCC AR5，里面就特别刊载了“建筑专章”，预计2050年，全球约有八成的建筑能耗，都来自2005年前盖好的老房子，这些既有建筑的节能潜力最高可达90%。

因此，如何针对为数众多的既有建筑物，提出可行的能源监控管理计划，并设法提升能源使用效率，避免成为电力与热能流失的黑洞，便充满紧迫性，该份报告甚至提供了许多刺激建筑节能的政策诱导工具。

在联合国提倡下，各国政府越来越把建筑当成节能减排的重点项目。比如，欧盟的建筑能源绩效指令即规定，到2020年，境内所有新建物都必须接近“净零耗能”。当一栋正在使用的建筑物，生产的能源比使用量还多时，便可称作“净零耗能建筑（Net Zero Energy Building, NET ZEB）”。

不仅欧盟，美国能源部多年前也开始推动净零耗能建筑，拥有上千名研究与工作人员的美国国家再生能源研究中心 NREL 园区，即使含有极大面积的

IPCC AR5 建议六大建筑节能工具

1. 从法规面下手：设定建筑物节能标准、标签认证与查核制度。继欧盟和日本后，台达与中国台湾学术单位已开发出全球第三个经官方认证的“建筑碳排放评量”系统。

2. 实施强制稽核：通过查核与验证手段，要求降低建筑能耗。搭配如 Delta Energy Online 等能源监控管理系统，大幅提升建筑能效。

3. 设定电器能耗标准：为建筑物特定电器类别设立能效等级，如台达正与政府、民间等单位合作，制定电梯的能耗标准，推广旧电梯可加装能源回收系统，即可节能 15% ～ 30%。

4. 建立能源标章：通过电器用品能源标示制度，鼓励建筑物使用更节能的产品，台达为电源及散热解决方案领导厂商，旗下 DC 直流节能换气扇的北美销售机种，超过八成皆取得 ENERGY STAR - Most Efficient 认证。

5. 提倡示范计划：对公众展示良好范例及最佳能效的建筑设计做法，带领社会讨论并发挥影响力。如台达将过去 10 年所累积的绿建筑进行策展，带领大众熟悉“净零耗能建筑”及“零碳建筑”概念。

6. 推动自愿协议：公私部门皆可通过共同约定，自主达成节能目标。如台达于 COP21 前夕签署“We Mean Business”&“CDP（碳揭露专案)”等国际减排承诺，与全球标杆企业一起对抗气候变迁。

办公区与研究室，也能通过太阳能板与绿建筑设计，成功达到净零耗能。奥巴马任内也曾推动“Better Buildings”，针对住宅、商务与工业等不同建筑，进行一系列的能源效率改善，并借此创造节能商机。

日本则由政府与企业带头推动“建筑低碳化”运动，包括大金空调、大成建设等龙头企业，皆将总部大楼打造成净零耗能示范基地，松下等营建大厂，也推出许多净零耗能的住宅社区，同时推广家用的燃料电池、能源管理系统、小模组太阳能板等绿能商品。

随着市场趋于稳定与技术门槛不断降低，未来将出现越来越多的“正能量建筑”（Positive Energy Building）。建筑的发电量不但多过消费量，甚至可分享给邻居跟社区，或卖给电力公司。如美国洛杉矶研究中心（Rocky Mountain Institute）2015 年落成的研发中心，每年即可产出 11.7 万度电，超过本身所需的 8.8 万度，建筑内附属的蓄电池，还能协助减少尖峰用电。

07

共筑未来
迎接绿色成长

Jnies
ments Climatiques 2015

虽然《巴黎协定》问世还未满一年，但后续效应与连带影响越来越清晰。

比如，多国领导人已承诺，将在未来投入 900 亿美元气候变迁的绿色融资，一起迈向“绿色成长”的愿景，包括：投资再生能源、提升能源效率、永续运输，到改革化石燃料的补贴等。2015 年，全球已有超过 4000 家大型企业，主动参与了各式各样的减排倡议。2016 年，全球规模最大、总资金近 5000 亿英镑的挪威主权基金，更宣布从 11 家砍伐森林的林业公司撤资，摩根大通集团随后也表示，将停止融资给高收入国家的新建煤炭电厂，预计将掀起美国银行、花旗集团、摩根士丹利等投资大咖的跟进潮，成为国际绿色投资潮崛起的强烈信号。

可以预见的未来，全球势必掀起一场天翻地覆的绿色供应链革命。常年参与国际贸易与全球产业供应链的中国台湾，也必须为这场即将开打的绿色竞争淘汰赛，赶紧做好准备。

在巴黎见证历史时刻的郑崇华期待，台湾地区赶紧迎头赶上节能减排和绿色成长的永续潮流。

改变的第一步　从转换心态做起

回头看台湾地区，我们手上有什么帮助节能减排的武器？或足以参与全球绿色竞争潮流的本钱？或许得从改变心态开始做起。

过去关于气候变迁等环保议题的讨论，常胶着于“经济成长”和“保护环境”间。

殊不知，根据世界资源研究所（WRI）对全球 67 个主要经济体的研究，发现从 2000—2014 年，全世界已有多达 21 个国家，达成了国内生产总值（GDP）持续成长、温室气体排放量却同步降低的“绿色成长”愿景。其中，以大幅减排 30%的丹麦拔得头筹，即便碳排放量规模高居全球第二，且拥有最多气候变化怀

疑论者的美国，也在过去 15 年间碳排放量下降了 6%，并获得 28%的经济成长果实。就连中亚国家乌兹别克斯坦，也挤进了绿色成长俱乐部。

全球 21 个达成“绿色成长”的主要经济体

国名	2000—2014 年减排比赛	2000—2014 年减排比赛
丹麦	-30%	8%
乌克兰	-29%	49%
匈牙利	-24%	29%
葡萄牙	-23%	1%
斯洛伐克	-22%	75%
罗马尼亚	-22%	65%
英国	-20%	27%
法国	-19%	16%
芬兰	-18%	18%
爱尔兰	-16%	47%
捷克	-14%	40%

国名	2000—2014 年减排比赛	2000—2014 年减排比赛
西班牙	-14%	20%
比利时	-12%	21%
德国	-12%	16%
瑞士	-10%	28%
瑞典	-8%	31%
荷兰	-8%	15%
美国	-6%	28%
保加利亚	-5%	62%
奥地利	-3%	21%
乌兹别克斯坦	-2%	28%

资料来源：BP Statistical Review of World Energy 2015 & World Bank World Development Indicators

中国也在2015年提交自愿减量承诺计划（INDC）给联合国气候公约组织（UNFCCC），其中表示，2030年碳排放密集度（每单位GDP排放的二氧化碳）要比2005年，大幅减少60%～65%，更打算2020年时，所有新盖建筑要有一半符合绿建筑标准，展现减排决心。

从法规、稽核刺激绿建筑

而中国台湾目前提出的INDC目标，是打算2030年整体碳排放量（2.14亿吨）要比2005年（2.69亿吨）下降两成，表面看来似乎要求不低。可是，若以1990年作为减排基准线，其实2030年的碳排放量反而比1990年增加了56%，不减反增。

观察《巴黎协定》问世至今的舆情演变，加上政府近来提出的相关政策，目前中国台湾应对气候变化的焦点，仍不离开能源与工业两块，反倒是隐藏庞大减排潜能的建筑领域，始终得不到关爱的眼神。

除了有赖于企业在民间自主推动，政府更应该从制定法规、设定能耗标准到强制稽核等干预手段来刺激绿建筑，让它成为中国台湾节能减排的主力之一，大幅推进绿建筑的普及与公众运动。

Chapter 6

绿色伙伴回响

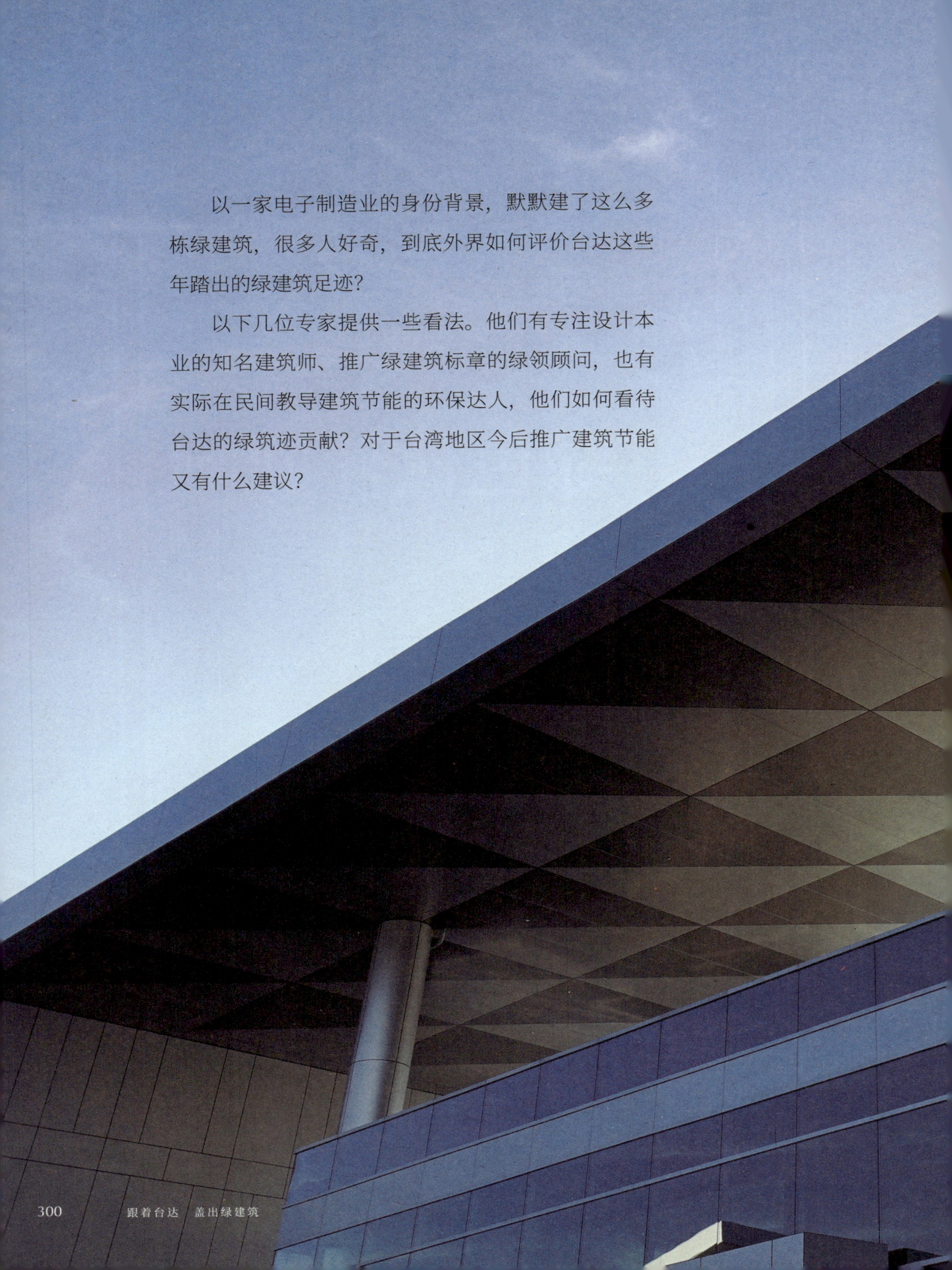

以一家电子制造业的身份背景，默默建了这么多栋绿建筑，很多人好奇，到底外界如何评价台达这些年踏出的绿建筑足迹？

以下几位专家提供一些看法。他们有专注设计本业的知名建筑师、推广绿建筑标章的绿领顾问，也有实际在民间教导建筑节能的环保达人，他们如何看待台达的绿筑迹贡献？对于台湾地区今后推广建筑节能又有什么建议？

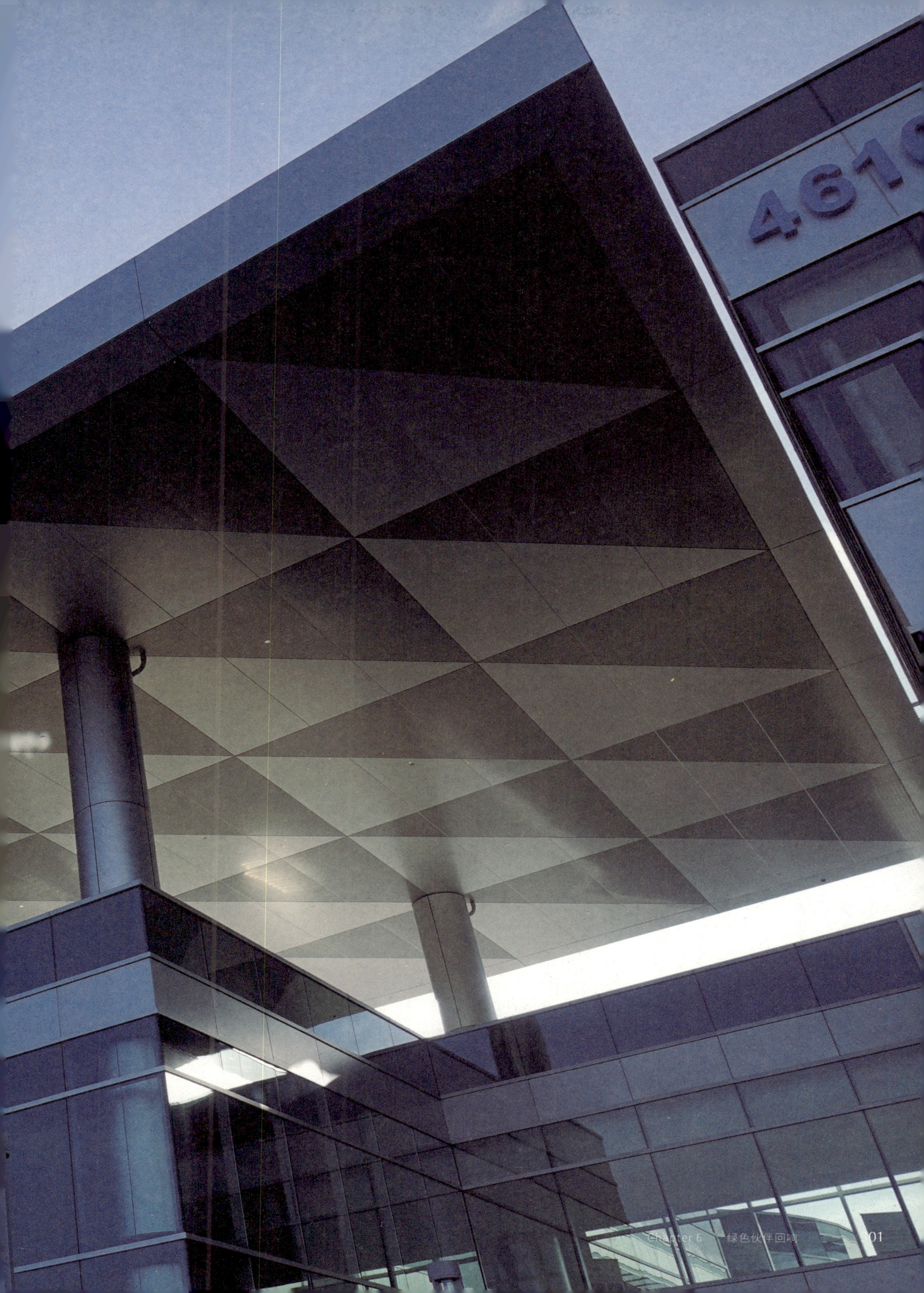
4616

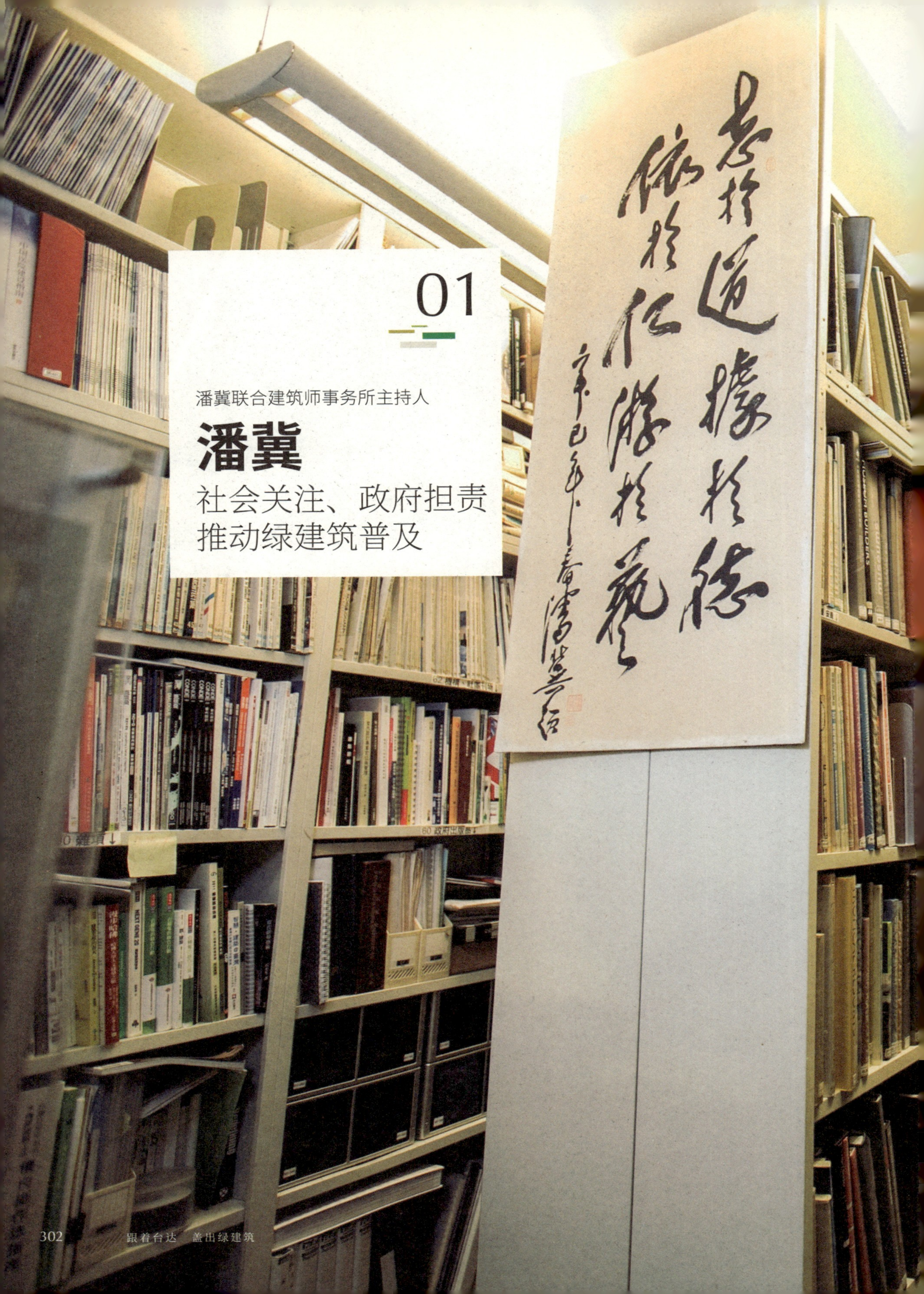

01

潘冀联合建筑师事务所主持人

潘冀

社会关注、政府担责推动绿建筑普及

来到台北仁爱路“空军总部”旧址正对面的小巷弄，规模号称台湾地区第一建筑师事务所的潘冀联合建筑师事务所就隐身于此。有趣的是，虽然是行业龙头，但潘冀事务所既无抢眼招牌，也非外形奇特的建筑物，反而低调地跟附近社区公寓融为一体。

沉浸建筑领域超过半世纪的潘冀，是台湾地区第一位获得美国建筑师协会（AIA）院士殊荣的。1981年，他从美国回到台湾，至今累计逾500件作品，类型涵盖高科技厂办、文教场馆、宗教建筑、医疗院所等，斩获国内外建筑奖近60项，堪称台湾地区建筑界大师级的人物。

算起来，潘冀应该是最常跟台达合作建造绿建筑的建筑师之一。从台南厂二期、台达永续之环、台中一中校史馆，到刚落成不久的美洲总部大楼，皆出自他的手笔。2015年年底，台达集团大规模远赴巴黎参加联合国气候高峰会（COP21）并举办“绿筑迹——台达建筑展”，及2016年6月间将该展移师北京，都邀请潘冀一同前往见证。

在北京时，台达宣布2017年“台达杯国际太阳能建筑设计竞赛”活动开始，竞赛以“西安”与“泉州”两地为模拟主题，向全球募集适合老年人颐养天年的太阳能住宅设计方案。

潘冀当下便以他在台湾设计的“双连教会社会福利园区”为范例，解释适合银发族的颐养住宅，需要

潘冀

出生	1942年
学历	成功大学建筑学士、美国赖斯（RICE）大学建筑专业学士、美国哥伦比亚大学建筑及都市设计硕士
荣耀	美国建筑师协会院士、台湾杰出建筑师第19届台湾文艺奖
代表作	台中一中校史馆、台达台南厂二期、台达永续之环、台达美洲总部、双连教会社会福利园区、台北真理堂

哪些设计要领，言谈间尽是对人性需求、对社会的人文关怀。

多年的携手合作过程，潘冀观察，台达是家很认真的公司，“他们做这些（建绿建筑与倡议环境议题）不是为了扩大知名度，而是真的相信这是一个对的方向！”如此不具私心的自愿付出，令他相当服气。

尊重自然的设计思维

其实，在接受台达委托之前，潘冀心中就有了“尊重自然”的设计思维。

1985 年，他和王秋华建筑师一起为中原大学设计的“张静愚纪念图书馆”，就尝试了许多“被动式”节能设计手法。当时潘冀发现，台湾的房子爱用 RC 构造墙，白天很吸热，到了晚上，整个室内热烘烘，必须全力开冷气才能降温。

在美国生活过的他知道，有许多隔热建材可减少热能进入室内，但在台湾地区因价格太高及欠缺采购渠道，使用率不高。他当时便采取权宜做法，在 RC 墙内多设计一道空气层，帮助建物隔热，并打造大量天窗与通风路径，提升通风和采光效果。

可想而知，当年“绿建筑”这个名词还没出现，环保运动还在萌芽阶段，为何潘冀坚持做节能设计？

回顾他的求学过程，在成功大学攻读建筑时，校内那句“建筑是历史的代表，文化的象征，科学与艺

1 以“净零耗能（Net-zero）”为目标设计的台达美洲区总部，预计将取得美国 LEED 白金级绿建筑标章。

2 以“复旧如旧”手法成功修复的台中一中校史馆，创下全台首座经碳足迹查核与认证的历史建筑。

3 吸引众多观赏人潮与媒体话题的台达永续之环，希望向外界传达《易经》恒卦中生生不息与敬畏自然的永续态度。

1

2

3

术综合的产物”，不仅让他震撼不已，也深感建筑师肩上背负的重任。

因为建筑不仅工程量体庞大、使用时间长久，更是原有地貌景观的外来者，影响深远。身为一名建筑师，更必须思考如何让建筑融入周遭环境，并减少资源的消耗。

建筑是社会的“公共财产”

事实上，建筑表现的好坏，影响整个国家的能源消耗、景观文化、周遭环境及市民生活等许多层面。但潘冀感慨的是，人们似乎对建筑一知半解，“好的没人报，坏的也没人批”，久而久之，业界就习惯随便做做，等灾难发生后才七嘴八舌地讨论，“这是不对的，建筑是社会的‘公共财产’啊！”说话一向温和的潘冀，语气焦急。

除了社会大众的冷淡，潘冀直言，绿建筑要普及，除了仰赖台达这种有心投入的企业，政府更得发挥带头作用。

1999年，台湾地区推出全球第四套绿建筑评估系统，仅次于英国、美国、加拿大，后来还要求造价逾5000万元的公家建筑案，都得符合绿建筑标准。表面看来，政府推广成效似乎不差。

但潘冀指出，订出绿建筑的标准只是第一步，面对更大的老屋再造、都市更新或公共建设等议题，政府应勇敢承担推动责任，不应将责任“外包”。

例如，他跟台达合作修复台中一中校史馆那3年，由于这是台湾第一次将历史建筑改造为绿建筑，从没有过经验。前两年几乎都耗在冗长的行政程序上，要等文史学者与古迹修复专家组成的审查委员会同意，才能施工。台中一中校史馆是体量不大的中小型建设，且资金来自民间单位，试想，若是规模更庞大、或动见观瞻的公共建案，要突破的行政环节与重重审议过程，恐怕更要急死人。

最近几次受邀演讲绿建筑题材，潘冀习惯以19世纪知名画家Thomas Cole的《建筑师之梦》（*The Architect's Dream*）当作结尾，触发听众省思。

这些画的内容，大多在隐喻人类文明过度发展，已严重影响环境和气候变化，提醒建筑师赶快悬崖勒马，扭转传统城市设计的僵化思维。令潘冀诧异的是，在工业革命刚起步的约200年前，就已经有人预见到这条不归路，并以创作发出警示。

回首近年绿建筑带动的风潮，潘冀总结，其实绿建筑最重要的内涵，既非设计，也非科技，而是一种简朴的生活态度。通过一栋又一栋的绿建筑不断提醒人类，千万不要因为科技的进步，就无止境地挥霍资源，失去敬畏大自然的谦卑态度。

02

九典联合建筑师事务所主持建筑师

郭英钊

“低碳美学”被认同 绿建筑才能说服大众

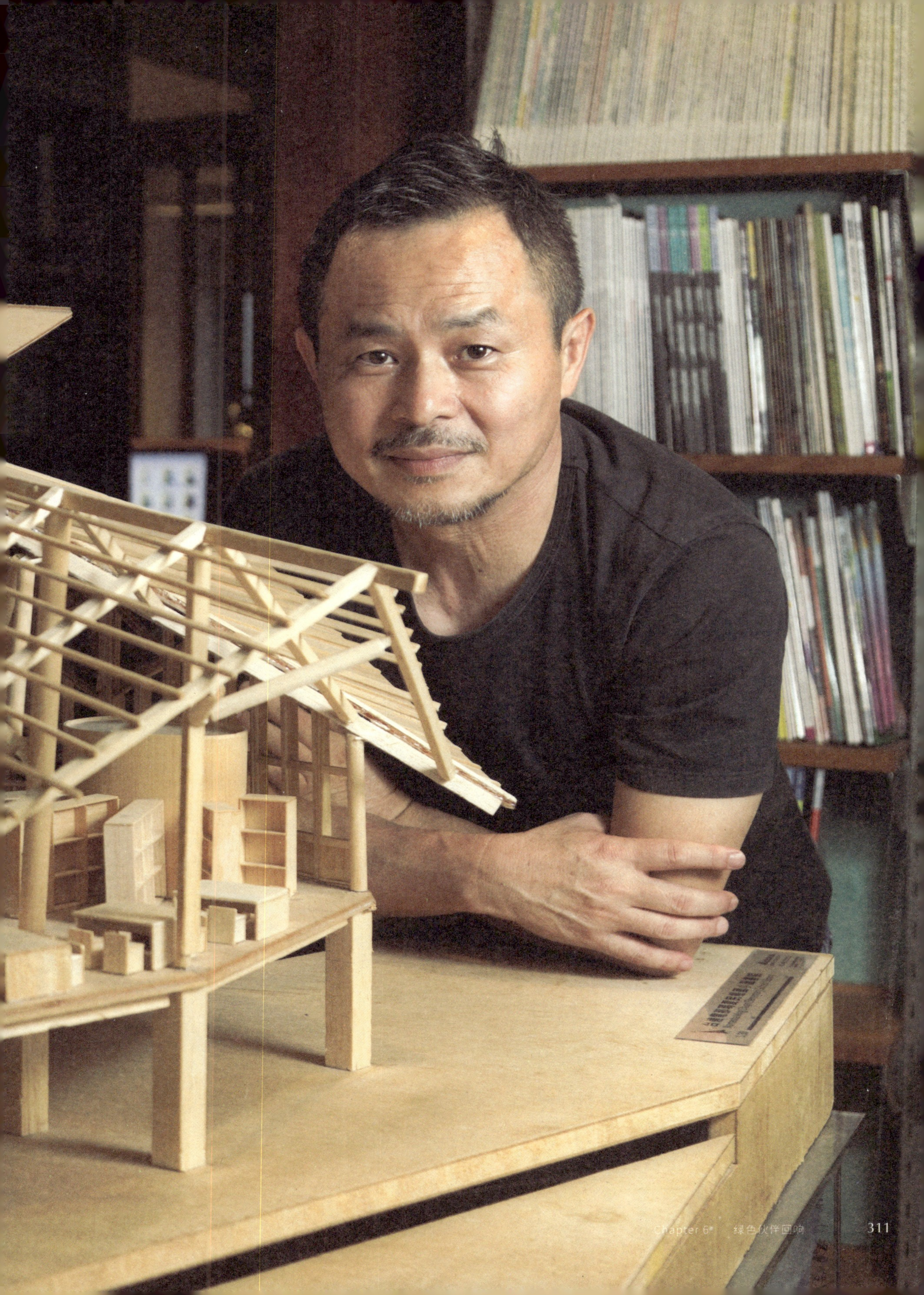

走出台北捷运芝山站，一路经过忠诚公园，来到郭英钊建筑师位于社区大楼内的办公室。这里给人的感觉不太像建筑事务所，反倒像大学实验室，随处可见由废弃建材制成的再生家具、看不出形状的奇特结构体、从未见过的建材涂料，甚至时兴的3D打印机。

会选在绿意盎然的社区开公司，与郭英钊出身台南的背景很有关系。从小他就习惯生活在充满生态气息的乡下，合伙创业的张清华建筑师是台南同乡，对他们来说，建筑不是硬邦邦的水泥盒子，而是可跟生物一样不断演化、提升使用效率的有机生命体，因此事务所（九典联合建筑师事务所）的英文就取名为“Bioarch”（biological + architecture，生态建筑）。

让郭英钊开始声名大噪的作品，应该是2006年年底启用的台北市立图书馆北投分馆，它不但成为当地知名的观光景点，更是台湾地区第一栋广为人知的绿建筑。这几年，九典代表作还有花博新生三馆（梦想馆、未来馆、生活馆），以及跟台达合作灾后重建的高雄那玛夏民权小学，让郭英钊成为目前台湾地区最具代表性的绿建筑名家之一。

郭英钊

出生	1959年
学历	成功大学建筑学士、美国加州大学洛杉矶分校建筑硕士
荣耀	台湾第12届杰出建筑师、两届台湾建筑奖、三届台湾内部事务主管部门优良绿建筑
代表作	台北市立图书馆北投分馆、台北国际花卉博览会新生三馆、高雄那玛夏民权小学、台湾经济主管部门中台湾创新园区

偏好环保的木质材料

观察郭英钊参与设计建造的几栋绿建筑，不难发现郭英钊对木质材料的偏好。但他苦笑，“其实一开始是被业主逼的”。当时委托他打造北投图书馆的业主，开宗明义就要求用木材当建材，让他一开始还有点头大。后来他发现，树木不仅可展现自然的朴实感，还能不断生长、循环再利用，只要善加管理，是比钢铁更环保的建材，此后利用木材就成为他的一项重要设计特色。

不少同行都视建绿建筑为苦差事，郭英钊反而乐在其中。因为他认为，能遇到台达这种懂得尊重、愿意放手让建筑师打造环境友善建筑的业主，简直是“天上掉下来的礼物”，碰上了一定要努力做好！他不讳言，即便今日环保议题风行，绿建筑成为朗朗上口的流行词汇，但这样的机会还是不多。

2015 年年底，郭英钊跟台达一起远赴巴黎参加联合国气候高峰会（COP21），他浏览众多活动后发现，多数企业都趁着巴黎气候峰会召开的机会宣传自家产品或是营造形象。“但台达反而很少讲自己的产品，几乎都在讲未来的减排承诺，还用绿建筑表达环境关怀。”这一点让他深感佩服。

先从“认识基地”开始

设计一栋绿建筑的诀窍是什么？郭英钊的答案意外地简单，就是先从“认识基地”开始。

从最早的北投图书馆，到后来的高雄那玛夏民权小学，郭英钊都花了很多时间，在建筑基地附近来回走了好几趟，亲自感受当地的气候特色、生态分布与

周边环境的文化。他妙喻："建筑基地就像土地公一样，它会告诉你很多事，告诉你，它想要什么。"一旦建筑师跟基地发生了联结，就会产生一种责任感，帮助克服以后建造过程中面临的种种困难。

例如，当初为了不破坏北投公园内原有的老树和古迹，郭英钊选择让图书馆建造面积一再退缩，最后只剩下奇零的三角形建筑用地，却因此让图书馆更好地融入周边地景，减少了突兀感。又例如，他为高雄那玛夏民权小学的结构造型苦思不已时，也因基地周遭盛开的曼陀罗花而受启发，这些都是基地向他诉说的事。

1 台北花博新生三馆（梦想馆、未来馆、生活馆），不仅让建筑跟基地原有的树群、地貌完美融合，也有助于降低都市热岛效应。

2 协助莫拉克灾民重建的高雄那玛夏民权小学，如今兼具教育空间与避难场所的双重功能，更将原住民文化意涵融入其中。

3 多次被国际媒体评为"最美图书馆"的台北市立图书馆北投分馆，堪称台湾地区近年来第一栋引发观光人潮的绿建筑。

过去，建筑是人类对抗自然的象征，人们设法建设一个遮风避雨的躲避空间，用来抵御大自然的威胁。久而久之，却使建筑成为浪费能源的黑洞，也无法融入周遭环境风貌。直到后来环保意识抬头，人类才开始反思，如何减少建筑产生的环境冲击，并试图让它重新融入环境。

可惜的是，现阶段的建筑养成教育，多半注重技术、工法或美学训练，对于建筑所处的生态、气候或文化等周围大系统的问题，甚少琢磨。郭英钊直言，绿建筑要普及，第一道障碍就是欠缺自然思维的建筑教育。

乱中有序的野性美

多数人仍习惯以美学作为衡量建筑好坏的标准。如此一来，等于鼓励建筑师绞尽脑汁打造酷炫造型，反而误导大众，以为降低环境冲击的绿建筑，只是精于计算节能数据与装设科技配备的冷门技术，甚至觉得这类建筑不够美，难登大雅之堂。

他举例，很多建筑在设计绿屋顶或空中花园时，都习惯找景观公司作出井然有序的盆栽，结果沦为人为痕迹严重的假山假水。可是，自然界不可能有那么整齐、连高度都一样的植栽立面。“如果每棵植物的间距都那么密，哪里还有生物栖息空间？”

殊不知，错落有致、乱中有序的野性美，才是绿建筑应该传达的“低碳美学”。“绿建筑不能老是说教，一定要先让大众觉得够美、感觉到舒适，才能被社会接受。”郭英钊语重心长地说。

到底绿建筑未来的进化样貌会是什么？郭英钊最爱用“三只小猪”的寓言故事解释。

前面的三只小猪，象征传统的建筑体系，分别用稻草、木材、砖头为材料，把房子做得愈来愈坚固，但随着时代变迁，象征大自然威胁的“大野狼”，如今也进化为愈来愈难以预测的极端气候与全球变暖。

因此郭英钊认为，倘若以后有第四只小猪要盖房子，一定要是可以大幅削减碳排量、具备气候调适能力，并让外界感受到低碳美学的环境友善建筑。这第四只小猪的房子，便是未来的建筑样貌。

03

成功大学建筑系教授

林宪德

推广建筑碳足迹认证 落实减排救地球

La new

苹果前CEO乔布斯曾对外宣称，外形酷似飞碟、预计在2016年完工的新总部大楼“Apple Campus2”，将是全球最好、最绿色的办公室。

但时任美国尖端绿建筑机构GBI总裁的美国名建筑评论家尤戴尔松（Yudelson），检视公开的科学耗电数据后，投书英国《卫报》说：“台湾成功大学绿色魔法学校的耗电密度为40.5度，这才是世界真正最绿的建筑。”

尤戴尔松一句话，证实了中国台湾绿建筑的惊人成就。但如果得知官方名称为“成功大学孙运璿绿建筑研究大楼”的“绿色魔法学校”，是出自于被誉为“台湾绿建筑之父”、成功大学建筑系教授林宪德之手，似乎也就显得理所当然了。

20世纪90年代末，在日本拿到节能建筑博士的林宪德，因应政府对节能环保的重视，倾力协助相关主管部门制定出台湾地区绿建筑的9项评估指标，并强制造价5000万元新台币以上的公有建筑物，都必须取得绿建筑标章。

“客气一点讲，台湾地区的绿建筑标章几乎跟美国同步，甚至我敢说，台湾地区比美国还早。”林宪德自信地说，当年台湾地区完成评估手册时，美国还在研究评估标准。

20年来，林宪德亲力亲为8次修订他所执笔的“绿建筑解说与评估手册”，让公务机关的空调设备

林宪德

出生	1954年
学历	成功大学建筑学士、日本东京大学建筑学工学博士
荣耀	台湾内部事务主管部门“绿建筑特别贡献奖”、世界屋顶绿化大会“世界立体绿化羚碳建筑杰出设计奖”、日本空调学会“井上宇市亚洲国际奖”
代表作	台达台南一期、成功大学孙运璿绿建筑研究大楼

量减少至少 30%，“台湾所有工程系统都是鼓励浪费的。”他摇头。

但这也让林宪德成为建筑业又爱又恨的箭靶。

绿建材厂商爱他，抢搭绿建筑便车商机无限，让节能的商品可更快普及；可是不少建筑师却恨得牙痒痒，因为申请一栋绿建筑，至少需一个员工专职工作两个月，旷时又花钱。

质疑声更是铺天盖地而来。林宪德回想，每次演讲都有教授举手挑战他：“你制定的绿建筑标准有国际认证吗？”

面对批评，他咬牙挺了过来。“难道台湾地区没办法提出自己的标准，一定要学美国吗？”他在心中呐喊。

由于挑战声音不断，林宪德尽管花很多时间制定标准，但他一直没想过，自己会有机会建一栋绿建筑。直到遇到郑崇华，才让他有机会一展长才。

接受台达委托盖厂房

自郑崇华与林宪德两人相识后，由于理念相投，郑崇华决定把预计兴建的台达台南厂交给他设计成绿建筑。由于郑崇华的信任，林宪德几乎是倾力拼命去做；节能 40%的台达台南厂于 2005 年完工，2006 年拿到台湾第一座黄金级绿建筑标章，隔年又晋升为钻石级，而每坪 8.7 万元新台币的造价，也没有比邻近的厂房贵多少，更重要的是，厂房外观宛如一座五星级饭店，不时有来访南科的宾客，询问进来住宿的方法。

“节能是我的硬实力，设计美学是我的软实力，我做绿建筑的前提是：如果不漂亮，一切免谈。”林宪德直率道出他的观点。

2007年，林宪德又希望于成大建另一栋大楼，挑战更节能的设计，用来推广绿建筑教育。郑崇华此时又自掏腰包，以私人名义捐赠1亿元新台币给成功大学，让林宪德有机会可以圆梦。

为了使用便宜、自然、本土技术和材料，达到“节能40%、节水50%、CO_2减量40%”的全球最高节能水准，林宪德延揽了4位在建筑“光、热、风”领域顶尖的教授，带领12位博硕士生，3年内分头进行10多项顶尖的实验，同时在复育了4.7公顷森林后，完成“零碳建筑”的最高理想。

其中一绝，是号称全台第一个会呼吸的会议厅。容纳300位观众的会议厅，通常是建筑物最耗能空间，但通过“灶窑通风”设计，一年内将近有5个月，不开空调就有通风效果。

这栋大楼在获得郑崇华的资助后，林宪德就一直希望能彰显郑崇华的伯乐之见。由于郑崇华一开始就希望以孙运璿为研究大楼命名，因此林宪德希望能将节能的会议厅命名为“崇华厅”，以报对郑崇华的知遇

1 林宪德与台达携手的第一栋绿建筑台南厂，奠定了双方长期合作的基础。

2 外形仿如“诺亚方舟”的成功大学孙运璿绿建筑研究大楼，被美国权威人士评为“世界最绿的建筑”。

DELTA

感念。虽然以赞助人命名演讲厅，在台湾的大学里并不罕见，郑崇华仍不断推辞，最后实在拗不过林宪德的真性情，最后只能答应了。

建立“建筑碳足迹认证制度”

“绿色魔法学校”把林宪德在绿建筑上的成就推上巅峰，接下来，他要推动建筑的碳足迹认证。

林宪德表示，“绿建筑可以减排救地球”的口号谁都会喊，但台湾地区始终没有建材量化标准，在台达全力赞助下，2013 年他在台湾地区建立“建筑碳足迹认证制度”，举凡瓷砖、水泥等建材，从原料开采、运输到废弃，减了多少碳都将一目了然。

推动 3 年来，中国台湾已有 11 件认证通过，在目前拥有建筑碳足迹认证制度的 3 个国家和地区（另外两个为日本、欧盟）里，排名第一。

“评估认证后，最重要是回馈到行动上，达到建筑减排的目的。”他强调。就如同林宪德 20 年来诚实地推动平价实用、信赖度高，而且又容易执行的绿建筑认证制度，未来他将铆足全力，让台湾地区也走在建筑减排的最前面。

04

吴瑞荣建筑师事务所主持建筑师

吴瑞荣

环境绿因子融入设计
打造价值绿建筑

吴瑞荣建筑师事务所，位于台北信义路四段一栋不太起眼的大楼四楼，就像他本人一样低调。然而，目前台湾57家上市公司的办公室、厂房，都能找到他的设计，业主包括台达、鸿海、明基、华硕、广达、光宝等科技大厂，累积案量数以千万计，堪称海峡两岸设计最多高科技厂房的建筑师。

由于盖过的厂房无数，让他对科技厂的规格十分熟悉。“那些科技业老板对电脑流程不一定有我了解。”吴瑞荣自信地说。

无心插柳　为科技公司盖厂房

吴瑞荣

出生 1954年
学历 中原大学建筑学士
荣耀 第七届优良绿建筑奖
代表作 台达桃园三厂、台达桃园五厂

很多人好奇，吴瑞荣为何深受这些科技大老板的青睐，不管在世界任何地方盖新厂办，都指名非他不可？

回想30年前踏入“工厂专业建筑师”这一行，吴瑞荣笑说：“完全是无心插柳。”

从中原大学建筑系毕业后，年轻、冲劲十足的他，开了一家小型建筑事务所。由于是台湾南部长大的孩子、在台北没有任何关系，只能承接之前在老师办公室帮忙的医院工程和公共工程。

直到在一位建筑前辈引荐下，吴瑞荣经一位科技老板和该公司20位经理面试了11个小时后，大胆接下一个科技厂半途而废的设计案。由于他的父亲开工厂，所以他对厂房不陌生，加上在学校接触公共工程，

对建筑结构、水电、空调有综合性的了解，让他顺利地完成任务，从此一举成名。

提到和台达的合作，吴瑞荣记得，20 年前的一个晚上，他正与一家科技厂老板在内湖工地对营造厂的施工品质讨论把关，不经意瞥见五六个人站在后面，其中一人就是台达营建处总经理陈天赐。不久，陈天赐就找吴瑞荣设计大陆吴江的厂区。

“陈总大概感受到我对营造厂的要求非常严格。”吴瑞荣板起脸说。施工品质对他完全没打折空间，只要不符合标准，只有拆掉重盖。

跟随台达　赴德国取经绿建筑

吴瑞荣印象最深刻的是，2005 年他跟随台达创办人郑崇华、现任执行长郑平、营建处总经理陈天赐等人，前往德国进行 3 个星期的绿建筑取经之旅。

他深有感触地说，绿建筑本来就是建筑学系学生的基本教育，希望人类居住在节省能源又舒适的环境中。只可惜台湾老板大多白手起家，抱着能省则省的最高指导原则，只要建筑师提出开个通风口做对流这类和生产效率无关的绿建筑建议，通常都会被业主打回，以至于建筑师也不想多事。

但吴瑞荣做梦也没想到，竟能碰上像郑崇华这样的业主。“真的很难不被他感动，一个科技大老板竟然对绿建筑这么热情。”郑崇华是他看过的最用心、最慎重的业主。他曾对郑崇华开玩笑：“你想要绿建筑，但绿建筑是要花钱的！”没想到郑崇华当场反驳：“为什么绿建筑一定要花钱？合理的造价也能达到长期的效果。”务实精神一览无余。

后来，吴瑞荣就和台达营建处在吴江盖了一个实验厂，把在德国学到的绿建筑技巧，利用当地唾手可得的材料进行研究。

最具体可行的，莫过于“新风降温的导风层”。一般而言，空调必须抽取 25%的新鲜空气补充，若温差过大，就得使用电力快速降温，但这却很浪费能源。

这时，若采用德国人的取风方法，如果取自阴面、水面上、树荫下或草皮，就能大大节省能源。新鲜空气的温度就会降 2℃ ~3℃。

因此，吴瑞荣学习德国人在厂房下做了“导风层”，让新鲜空气到下层低温处，峰回路转绕 5 分钟，又会再下降 2℃ ~3℃，这样一来，省下来的空调用电量就相当可观。

用合理的造价　达到节能效果

就这样，一项又一项的成功实验，成为台达新建厂区的必要条件，后来吴瑞荣更把这些绿建筑实验，像集大成般，一股脑儿注入 2012 年落成的台达桃园三厂。

一般人光看桃园三厂外观，绝对无法和绿建筑联想在一起，连屋顶上也没有象征降温的花草植栽。然而，桃园三厂完工后，却吸引不少专业建筑师取经，是货真价实的美国 LEED 黄金级绿建筑，每平方米的用电量仅有一般大楼的 3/5。

关键就在于看不见的内部设计。“桃园三厂的 inside 比 outside 精彩！”吴瑞荣扳起手指细数，包括阴阳面、空气对流、断热系统等，所有的绿色创意都必须基于对环境的了解。

吴瑞荣心目中的绿建筑，并非注重外在视觉的“形象绿建筑”，而是用合理的造价，达到节能效果的

“价值绿建筑”，只要花一点心思，就能把环境绿因子置入建筑中。

20 年来和台达的合作，不仅影响了吴瑞荣，也影响了旗下所有建筑师。他们设计出的所有建筑，一定都要注意空气对流、是否断热、空调用电量节省等的检测。“这是从没想过的意外收获。”吴瑞荣笑着说。

05

台湾绿领协会理事长

陈重仁

从企业节能到城市更新 台湾都少不了绿建筑

为了解决现有教育系统难以培育绿建筑人才的问题，台达从 2009 年启动了“绿领建筑师培训工作坊”，至今进入第 8 年。一直以来的合作伙伴，便是为了绿建筑而创业、当前是国内唯一具有绿建筑设计、监造、证照辅导等完整资历的陈重仁，以及他为了公益目的而创立的“台湾绿领协会”。

坐在可俯瞰大安森林公园全貌的办公室里，台湾绿领协会理事长陈重仁回想自己的创业过程。

年轻时在成功大学攻读建筑，陈重仁就对绿建筑相关知识很有兴趣，“但当时没什么绿建筑学科，只有‘建筑与物理环境’跟‘环境控制’两门课”。他发现，传统建筑的设计考量环绕在“外形”（Form）与“功能”（Function）两点，近几年演变到重视“性能”（Performance），“而现在推广的绿色设计，就是要把建筑的环保性能考虑进去，而且必须符合人性需求！”

之后赴美攻读设计硕士，他还主动到 MIT 钻研能源、灯光等校外的建筑学科，毕业后陈重仁在美国工作 6 年，适逢 LEED 认证风潮兴起，不久便成为第一位考取 LEED AP（LEED Accredited Professional）的台湾人，2014 年又成为首位取得美国绿建筑协会（USGBC）颁发的“LEED Fellow”的非美籍华人，堪称当前台湾地区最熟悉绿建筑国际标准的专家之一。

2004 年回到台湾，陈重仁先到潘冀联合建筑师事务所服务，两年后创业。创业这 10 年，一路见证绿建筑

陈重仁

出生	1970 年
学历	成功大学建筑学士、美国哈佛大学设计学院硕士
荣耀	台湾地区首位美国绿建筑协会院士（USGBC LEED Fellow）

在台湾地区从默默无闻到蔚为风潮的过程。至今，他辅导过的绿建筑，遍及海峡两岸、东南亚、欧洲等地，包括台达的桃园三厂和内湖总部大楼，陈重仁都曾参与。

可是，即便绿建筑过去几年已开始被大众熟知，但身处第一线的陈重仁，仍发现有许多窒碍难行之处。

“首先，除了名声，对建筑师没有任何诱因。”陈重仁说得直白。

提供系统化的知识学科

碍于建筑业的保守性格，建筑物安全与施工成本才是建筑从业者的首要考量，必须额外考量环境因素与节能绩效的绿建筑，常被嫌麻烦，甚至被打上容易赔钱的负面标签。加上许多建筑师的专业背景在设计美学，并不熟悉机电设备与通信等节能科技，难以全盘掌握绿建筑全貌，因此对必须劳心劳力又吃力不讨好的绿建筑，排斥者居多。

陈重仁观察，目前建筑院校顶多只教学生认识台湾地区通行的 EEWH 绿建筑认证内容，对此，绿领建筑师培训工作坊尝试提供比较系统化的知识学科，更要求学员结业前实际提出设计案，并且通过角色模拟，进行实战演练，提前了解以后打造绿建筑可能遭遇的挑战，从中学习如何整合所有环节，且懂得排除困难的现场执行力。

这几年常游走于海峡两岸的他，更惊觉大陆在绿建筑领域的奋起直追，不断通过政策与施政目标，要求各省市必须达到一定数量绿建筑面积，并颁布绿建筑认证法规，作为促进国家节能减排与经济转型的重要主力，促使绿建筑的建造和认证市场快速起飞，指标性建案更是非得拿到绿建筑认证不可。

通过绿建筑找出耗能元凶

反观台湾，虽然以前在制定绿建筑评估系统方面领先，地方政府也要求公家建案必须达到绿建筑标准，部分县市也开始将绿建筑纳入地方自治条例。但整体看来，似乎仍未将绿建筑视为严守国际减排承诺与激发未来经济动能的主力。

事实上，台湾的未来非常需要绿建筑。

首先，很多企业从来不知道自己的“单位能源生产力”是多少？“因为有很多从电费账单看不出来的细节。”陈重仁解释，整栋厂房里，哪条生产线最耗能？哪个机台最耗电？有哪些环境因素会影响能源的使用？这些都可以通过绿建筑的设计过程，从头厘清不同电路与生产装置之间的耗能细节，帮助企业抓对耗能元凶与节能重点，进一步提升能源生产力，并从中算出每种产品的碳足迹。

其次，此刻台湾的房屋年龄普遍偏高，未来势必衍生极大的都市更新与老屋再设计（如拉皮、装潢、修复或重建）需求，“这些都该用绿建筑的标准去考量，甚至列为必要条件！”陈重仁加重语气疾呼。

从政府落实减排承诺、企业强化能源生产力，到老百姓关心的住宅节能和都市更新议题，台湾的确应该更重视绿建筑的关键影响力。

06

台湾绿适居协会理事长

邱继哲

法规须明定
别让建筑成为耗能黑洞

来到临近台北光华商场的一栋住宅顶楼，被外界封为“省电达人”的台湾绿适居协会理事长邱继哲，便在此开课传授如何打造舒适的绿房子。

学过机电、土木、环境、热力学等跨学科知识的邱继哲，攻读研究所时曾研究养猪户如何做好猪舍通风，才能使猪肉有更好的品质。2005 年，邱继哲开始跟台达电子文教基金会推广住屋节能计划，并出版过两本“好房子”系列书籍。

普通人也可以改造房子

一般人以为，绿建筑是大公司要盖厂房，或政府兴建公共建案时，才需要考量的事。但这几年，行动派的邱继哲默默地在民间实践，把自己住家当成实验场与授课场地，希望证明老百姓也可以打造舒适又节能的“平民绿建筑”。

过去，他在台中买了一间被形容为“不是人住的”西晒顶楼，他在墙体置入松木、岩棉、玻璃球、泡沫玻璃等防火隔热材料，再利用双层窗和百叶窗帘的调节，达到室内降温效果，而且全家每台冷气都装电表，监控用电状况，60 万～ 70 万元的改装经费，可以从未来省下的电费账单中赚回来。

邱继哲强调，即使没有改装预算，只要懂得白天关窗挡住热空气，用前一晚余冷加电风扇支援，并开启厕所或厨房的抽风机，就能维持室内空气循环，也

邱继哲

出生	1970 年
学历	成功大学土木工程学士、台湾大学生物环境系统工程硕士
代表作	设计监造深坑小学节能减排学习中心，著有《好房子：无毒、绿色、省钱，每个人都能打造的健康住宅》，获颁《远见》杂志台湾环境英雄奖

降低了湿度，等晚上回家再开窗迎接户外凉风，就可减少屋子闷热感。怕单层窗户挡不住整天的西晒吗？再加层窗帘，就能减少玻璃受热。这些做法都不是什么大道理，也不必砸钱装昂贵的科技设备，一般人都做得到。

不久前，他受一家建筑商委托，到办公大楼观察为何冷气不够冷。原本对方以为是空调配置有问题，后来从超高的二氧化碳浓度发现，管理员为了不让外面的热空气进来，擅自把空调系统的进气功能关掉，结果让室内空气一直循环，导致冷气愈来愈不冷，连室内空气品质也变糟。诸如此类的误用空调现象，也常发生在百货商场，用电需求当然降不下来。

做好隔热可省下空调耗电

近来，他还跨出普通人改造房子的领域，提倡用建筑节能抵挡缺电荒。

“每年天气一热，就会有人来找我。”邱继哲笑说，夏天算是他的“旺季”。由于近来高温频频，加上没停过的缺电疑虑，他常受邀上电视讲解建筑节能的重要性，呼吁以此减缓台湾居高不下的建筑用电量。

他估算过，只要把一般住宅的外墙隔热性能做好，起码可省下八成的室内空调耗电，而建筑用电比重约占全台半数，换算下来，等于替台湾省下将近三成的用电量，根本不怕停掉核电后的供电缺口。

当然，事情没有那么简单。邱继哲评估，台湾的建筑节能为何做不好？首要原因就是法规不要求。

以他的观点，政府里的能源部门忙着开发新能源，而主管建筑的营建部门对节能却不够重视，结果台湾几乎所有建筑物都用容易吸热的混凝土，住在屋里的人只好狂开冷气降温。“但 80%都是拿来吹墙壁的！”邱继哲苦笑。

有次，他到校园屋顶实际测量，下午 2 点钟最热的时候，顶楼天花板温度竟高达 48℃，“这种情况就算开冷气也没用，因为辐射热还是很严重。”邱继哲说，倘若营建法规不要求建筑的隔热跟通风等节能绩效，建筑这块永远会是台湾能源消耗的大黑洞。

在民间宣传绿建筑超过 10 年，邱继哲发现，会到绿适居协会听课的学员，并非外界想象中的环保狂热分子，反而多是 35 ～ 50 岁的青壮年，或正好有购房、改装、整修等需求的人，“还有一种，就是对‘环境品质’很敏感的人”，这群人对屋内温度、湿度、空气品质好坏非常敏锐。

拜科技发达所赐，让人类拥有冷气机、照明、除湿机、暖气等科技家电，得以维持建筑的舒适度，却消耗了太多能源，才出现绿建筑的需求。但邱继哲强调，绿建筑绝不是要回去过原始生活，或违背人性要求不开冷气，“绿建筑只是一种设计手法，再怎么样都不能违背人的基本需求！”

他想表达的是，除了节能，绿建筑一样可以住得很舒适健康，以及更平价的亲民建造方法，如此才会深入民间跟一般人产生联结，自然而然地普及与存在。

后记

跳出绿建筑的三个误区

文／高宜凡

“最绿的建筑，就是不盖！”

“我知道绿建筑很好，但我又不是盖房子的建筑商、建筑师，也不是主导决策的政府官员跟企业主，关我什么事？”

过去几年在媒体界报道环境议题，我深知一般受众对于气候变迁、全球暖化、能源危机等超大议题的“无力感”，更对标榜节能减排的环保技术存有许多刻板印象与难以破除的迷思。

因此刚开始执笔时，不免担忧像我这种只在乎薪资收入跟柴米油盐物价的小老百姓，是否具有看完整本书的动力？

其实是有的，而且还不少。

误区一〉使用习惯影响大，市井小民也帮得上忙

首先，正确使用绿建筑，就是一般人最能亲身实践的爱地球行为之一。

根据研究指出，建筑占全球过半（51%）的电力

消耗量，以美国纽约市为例，建筑即占全市77%的碳排放量。只要设法先将建筑的耗能跟碳排放量降下来，问题就解决了一大半。

事实上，在一栋建筑长达数十年的使用寿命中，最大碳排放来源并非前期的营造过程，而是往后的日常使用阶段。

说到这儿，就很关一般人的事了。

想想看，你一天有多少时间待在公司、会议室、工厂或自家住宅？只要在每天生活跟工作的建筑空间内省几度电，如设定有助节能的冷气温度、多开门窗加强通风跟照明、改用省电灯泡等，你我这样的小老百姓，都能为节能减排作出贡献。

无怪乎许多绿建筑设计者都异口同声地说，完工后的使用者行为，才是绿建筑能否发挥作用的关键！

如果一栋绿建筑原本就设计引进自然风的被动式节能手法，不必耗能就能让室温维持舒适温度，结果完工之后，使用者还是习惯一进门就关窗、开冷气，建筑耗电量依旧降不下来。

也就是说，除了最初的设计者跟施工团队，决定一栋建筑到底够不够绿，有多好的节能效率，后续使用者（就是你我）的影响力其实更大。

误区二〉政府不必花大钱，法规诱导更有效

其次，绿建筑并非劳民伤财的花钱投资，只需合

理的法规引导与鼓励措施。

长期以来，由于建筑施工以安全为首要考量，又是业主巨大的财务投资，所以相关业者总习惯“以不变应万变”，没有出错的工法就不会改，不太可能主动采用实验性浓厚的绿色工法与新式环保建材，除非业主主动开口要求。

在这方面，有赖政府通过法规加以引导，才能打通市场环节。

试想，假使以后房产价值有部份来自节能减排的环境效益，或把绿建筑评鉴等级列为必要的交易手续。到时候，盖房子的建商跟负责媒合的中介业，恐怕会比环保团体或设计师更急着推广绿建筑。

如此一来，政府大可不必自己砸钱狂建绿建筑，只要通过法规的力量加以诱导，自然会形成绿建筑市场，达到事半功倍之效。

关键在于，借助法规制度，凸显绿建筑从产值、就业到节能减排、调适极端气候等方面所能创造的各种价值。

误区三〉绿建筑不算贵，还有助于企业发展

最后，从数十年的生命周期与使用过程来看，绿建筑真的不贵！

以台达第一栋自建的绿建筑台南厂为例，成本只比一般新建厂房多约 15%，而且很大因素源自当时本

地找不到适合的环保建材，一旦绿建筑跃升为房地产市场技术主流，或成为必要的验证标准及审核程序，这方面的问题大可改善。

而且别忘了，从节能减排的省钱效果来看，推广绿建筑收回成本只是时间问题而已。

或许有人觉得，一定要有个理念崇高的领导人，或政府施加各种强迫手段，企业才肯投入环保。但从台达的案例不难发现，事实不一定如此。

过去 10 年，绿建筑不只是台达实践环境理念的手段，他们也把自身技术能量投入其中，进而衍生出楼宇自动化解决方案、线上监测智慧软件、能源储存与管理系统等一系列新产品。而其投入或赞助的绿能竞赛或环境倡议活动，更成为旗下业务单位与经销伙伴最佳的推广场合，一来替企业营造正面形象，二来也因此获得不少订单。

不仅如此，除了帮地球减排，绿建筑同时还让员工获得舒适的工作环境，增加亲近自然生态的机会，由此产生的高满意度与认同感，更是企业主花再多钱也买不到的无形收益！

期待通过这本书，让小至个人，大到企业、政府，都能破除对于绿建筑与环境议题的多年迷思，然后开始愿意改变。

图书在版编目（CIP）数据

跟着台达盖出绿建筑 / 台达集团著. -- 北京 :
现代出版社, 2017.12
ISBN 978-7-5143-5387-7

Ⅰ. ①跟… Ⅱ. ①台… Ⅲ. ①生态建筑－建筑设计
Ⅳ. ①TU201.5

中国版本图书馆CIP数据核字（2017）第320113号

跟着台达盖出绿建筑

著　　者　台达集团
责任编辑　李　鹏
出版发行　现代出版社
地　　址　北京市安定门外安华里504号
邮政编码　100011
电　　话　010-64267325　010-64245264（兼传真）
网　　址　www.1980xd.com
电子信箱　xiandai@vip.sina.com
印　　刷　北京汇瑞嘉合文化发展有限公司
开　　本　787×1092　1/16
印　　张　22
版　　次　2018年1月第1版　2018年1月第1次印刷
书　　号　ISBN 978-7-5143-5387-7
定　　价　68.00元

前进的动力